Vasudevan Arun

Limitações da mecânica clássica e desenvolvimentos da mecânica quântica

AF300976

Vasudevan Arun

Limitações da mecânica clássica e desenvolvimentos da mecânica quântica

Química quântica preliminar

ScienciaScripts

Imprint

Any brand names and product names mentioned in this book are subject to trademark, brand or patent protection and are trademarks or registered trademarks of their respective holders. The use of brand names, product names, common names, trade names, product descriptions etc. even without a particular marking in this work is in no way to be construed to mean that such names may be regarded as unrestricted in respect of trademark and brand protection legislation and could thus be used by anyone.

Cover image: www.ingimage.com

This book is a translation from the original published under ISBN 978-620-7-80958-5.

Publisher:
Sciencia Scripts
is a trademark of
Dodo Books Indian Ocean Ltd. and OmniScriptum S.R.L publishing group

120 High Road, East Finchley, London, N2 9ED, United Kingdom
Str. Armeneasca 28/1, office 1, Chisinau MD-2012, Republic of Moldova, Europe
Printed at: see last page
ISBN: 978-620-7-92196-6

Copyright © Vasudevan Arun
Copyright © 2024 Dodo Books Indian Ocean Ltd. and OmniScriptum S.R.L publishing group

Prefácio

A mecânica quântica tornou-se uma matéria muito importante como curso interdisciplinar em quase todas as universidades. Tendo em conta este facto, procurou-se explorar as limitações da mecânica clássica que conduziram ao desenvolvimento da mecânica quântica. Foi tentada uma cobertura razoavelmente ampla e suficientemente aprofundada, dando importância às limitações da mecânica clássica que conduziram ao desenvolvimento da mecânica quântica. Foram feitos todos os esforços para fornecer tópicos de grande utilidade para os leitores, por exemplo, Radiação de Corpo Negro, Efeito Fotoelétrico, Efeito Compton, Linhas Espectrais Atómicas, Capacidade Calórica a Baixa Temperatura, Experiência das Duas Fendas, Experiência de Stern-Gerlach, Postulados Básicos da Mecânica Quântica, etc. Para tornar o texto mais útil, é fornecido um bom número de problemas resolvidos, perguntas de revisão, problemas, respostas a perguntas curtas, perguntas objectivas típicas, referências de leituras sugeridas.

Estamos gratos à LAMBERT Academic Publishing, pelos seus esforços incansáveis para lançar o livro com uma excelente impressão e uma boa apresentação no mais curto espaço de tempo possível.
As sugestões para melhorar o livro são muito bem-vindas.

Punalur   Capitão Dr. Vasudevan Arun
junho de 2024

Conteúdo

CAPÍTULO 1
INTRODUÇÃO

No início do século XX, os físicos descobriram que a mecânica clássica não descrevia corretamente o comportamento de partículas muito pequenas, como os electrões e os núcleos dos átomos e das moléculas. O comportamento de tais partículas, que não podia ser explicado pelos princípios da mecânica clássica, foi considerado como uma limitação da mecânica clássica, o que levou ao desenvolvimento da mecânica quântica. Este livro descreve as seguintes descobertas experimentais que não podiam ser explicadas pelos princípios da mecânica clássica e o desenvolvimento da física moderna e da química quântica.

Sir Isaac Newton propôs que a luz tinha uma natureza corpuscular ou particulada, composta por partículas minúsculas conhecidas por fotões. Estudou os fenómenos de difração fazendo passar a luz através de pequenos orifícios, sem difração, e concluiu que a luz é um fluxo de partículas. Na mecânica newtoniana, tal como originalmente formulada por Newton e desenvolvida por Euler, Lagrange, Hamilton e outros, a energia de um corpo material pode variar continuamente.

Christian Huygens, um dos contemporâneos de Newton, foi um promotor da teoria ondulatória da luz e demonstrou a refração da luz através da passagem da luz por diferentes meios e que a luz se movia a diferentes velocidades em diferentes meios. Explicou que a incapacidade de Newton para encontrar efeitos de difração podia dever-se simplesmente à insensibilidade das suas experiências. Os efeitos de interferência são mais evidentes quando os comprimentos de onda são comparáveis ou maiores do que o tamanho dos orifícios. Se o comprimento de onda da luz fosse muito pequeno comparado com o tamanho dos orifícios utilizados por Newton, os efeitos de interferência seriam muito difíceis de observar.

A leitura de Huygens de que a luz tinha uma natureza ondulatória revelou-se correcta. Mais tarde, Young e **Fresnel** demonstraram a interferência e a difração da luz com experiências mais sensíveis. Foucault, em 1850, demonstrou que a velocidade da luz na água era diferente da velocidade da luz no ar, o que era necessário para explicar a refração. Depois **Maxwell**, em 1860, unificando e ampliando as leis da eletricidade e do magnetismo, demonstrou que os campos eléctricos e magnéticos seriam capazes de se propagar no espaço como ondas, viajando com uma velocidade, conhecida como a velocidade da luz. A comprovação experimental da existência de ondas electromagnéticas seguiu-se pouco depois e, na década de 1880, a ideia de que a luz é um movimento ondulatório do campo eletromagnético era universalmente aceite.

Apesar deste grande triunfo da teoria ondulatória da luz, começaram a acumular-se provas de que a luz é, afinal, um fluxo de partículas que coexistem com propriedades ondulatórias. O primeiro indício deste comportamento veio de um estudo da **radiação do corpo negro** efectuado por **Max Planck**, que marca o início histórico da teoria quântica. A radiação é definida como uma onda que consiste em campos eléctricos e magnéticos oscilantes; por isso, é também chamada onda electromagnética. Caracteriza-se pelo seu comprimento de onda, λ e pela frequência, ν (número de oscilações por segundo), que se relacionam como $\lambda\nu = c$ onde c é a velocidade da onda. O valor de c é geralmente $3 \times 10^{10}\ cm/sec$.

Quando a radiação incide sobre uma superfície, uma parte é absorvida, uma parte é transmitida e a restante é reflectida. A fração absorvida da radiação incidente (radiação absorvida/radiação incidente) é designada por absortividade. De acordo com a teoria electromagnética, um corpo que absorve energia continuamente deve possuir, em última análise, energia infinita e um corpo que irradia energia continuamente ficará sem ela. A situação real é que um corpo que absorve energia atingirá, após algum tempo, um equilíbrio. Nesta fase, emite a mesma quantidade de energia que absorve.

CAPÍTULO 2
RADIAÇÃO DE CORPO NEGRO

Este capítulo resume brevemente algumas das fórmulas e teoremas associados à radiação de corpo negro. A radiação térmica é emitida por objectos aquecidos. No início do século XX, havia uma grande compreensão do facto de que o aquecimento de um objeto sólido resultava em vibrações dos seus átomos e moléculas. Toda a matéria emite radiação electromagnética quando tem uma temperatura superior ao zero absoluto. A radiação representa uma conversão da energia térmica de um corpo em energia electromagnética, sendo por isso designada por radiação térmica. Por outro lado, toda a matéria absorve radiação electromagnética até certo ponto. Um corpo **negro** é um corpo físico idealizado que absorve e emite radiações de todas as frequências. O Sol irradia energia apenas de forma muito aproximada a um corpo negro. A radiação do Sol é apenas muito aproximadamente radiação de corpo negro.

Uma excelente aproximação a um corpo negro é obtida considerando uma cavidade oca com um pequeno orifício. Não importa de que material é feita a cavidade. O nome "corpo negro" resulta do facto de a radiação da caixa ser emitida e não reflectida, uma propriedade comum a qualquer superfície negra que não reflicta a luz. Um corpo negro ideal é um absorvente perfeito, bem como um radiador perfeito, independentemente da sua forma, tamanho, cor ou textura. Assim, um corpo negro é um modelo idealizado para estudar e compreender os espectros da radiação emitida por um objeto físico ou por um corpo em equilíbrio térmico mantido à temperatura. O termo corpo negro foi introduzido por Gustav Kirchhoff em 1860.

Lei de Kirchoff e radiação de corpo negro.

A lei de Kirchhoff, bem como os seus estudos com Bunsen (que inventou o bico de Bunsen para o efeito), mostrando que cada elemento tem o seu espetro caraterístico, representa uma das realizações mais importantes da física e da química de meados do século XIX. Kirchhoff e Bunsen lançaram as bases da espetroscopia quantitativa e qualitativa. Em 1859, **Kirchoff** fez duas descobertas experimentais sobre um corpo negro.

- Um corpo negro é um absorvente perfeito, bem como um radiador perfeito
- A radiação de um corpo negro depende da temperatura do corpo e não da natureza do corpo.

Lei de Stefan-Boltzmann e radiação de corpo negro.

Em 1879, **Stefan** introduziu uma lei com base nas medições de Tyndall das radiações de um fio de platina quente. Em 1884, **Boltzmann** derivou esta lei dos princípios da termodinâmica. De acordo com a **lei de Stefan-Boltzmann**, a quantidade total de energia térmica irradiada por um corpo quente é diretamente proporcional à quarta potência da temperatura absoluta, T.

$$ie\ E\ \propto\ T^4$$

$$or\ E = e\ \sigma\ T^4 \dots (1)$$

Onde e é a emissividade e σ é a constante de Stefan-Boltzmann. $\sigma = 5.669 \times 10^{-8} Joules\ sec^{-1}\ m^{-2}\ K^{-4}$

Se um corpo de emissividade e a T_1 é rodeado por paredes de T_2 ($T_2 < T_1$)a taxa líquida de perda de energia é dada por

$$E_{net} = e\sigma\left(T_1{}^4 - T_2{}^4\right) \dots (2)$$

Investigações de Lummer e Prengsheim sobre a radiação do corpo negro

Lummer e Prengsheim estudaram a distribuição de energia no espetro da radiação do corpo negro. Quando a potência emissiva é representada em função do comprimento de onda a uma temperatura fixa, obtêm-se os seguintes tipos de curvas (**Figura 1**).

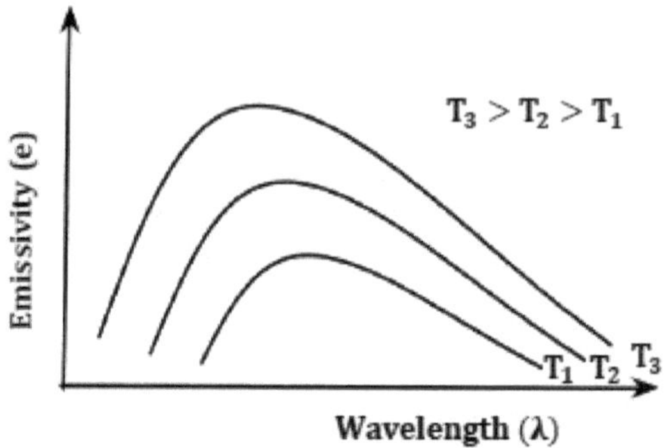

Figura 1: Variação da potência emissiva com o comprimento de onda

- A uma dada temperatura, a energia não está uniformemente distribuída no espetro de um corpo negro.
- Para comprimentos de onda muito curtos e muito longos, a emissividade é pequena
- Na gama intermédia, tem um valor máximo de emissividade. O comprimento de onda correspondente a este máximo é denotado por λ_{max}.
- À medida que a temperatura aumenta, λ_{max} desloca-se para comprimentos de onda mais curtos.
- Para todos os comprimentos de onda, um aumento da temperatura provoca um aumento da emissão de energia.
- Para qualquer temperatura, a área entre a curva e o eixo x representa a energia total. Esta área aumenta com a quarta potência da temperatura absoluta.

A lei de Wein e a radiação de corpo negro.

A lei de deslocamento de Wien mostra como o espetro da radiação de um corpo negro a qualquer temperatura está relacionado com o espetro a qualquer outra temperatura. Se conhecermos a forma do espetro a uma temperatura, podemos calcular a forma a qualquer outra temperatura. A intensidade espetral pode ser expressa em função do comprimento de onda ou da frequência. Wein apresentou duas leis para explicar a radiação do corpo negro e a sua distribuição espetral.

1. O comprimento de onda no máximo da distribuição espetral (intensidade) λ_{max} é inversamente proporcional à temperatura absoluta.

$$ie \ \lambda_{max} \propto \frac{1}{T}$$

$$or \ \lambda_{max} \ T = constant = 0.2892 \ cm \ K \dots (3)$$

Isto significa que um aumento da temperatura provoca uma diminuição da λ_{max}.

2. A quantidade total de energia térmica irradiada por um corpo quente (emissividade) é diretamente proporcional à quinta potência da temperatura absoluta, T

$$ie \ E \propto T^5$$

$$or \ E \ T^{-5} = constant \dots (4)$$

Onde E é a potência emissiva e T é a temperatura absoluta. Isto mostra a variação direta da potência emissiva para uma radiação de comprimento de onda λ com a quinta potência da temperatura.

As duas leis podem ser combinadas numa equação geral (relação)

$$E = K \ \lambda^{-5} \ f(\lambda, T) \dots (5)$$

Em que K é uma constante e $f(\lambda, T)$ é uma função de λ e T.

Com base na teoria electromagnética clássica e assumindo que as oscilações a partir das quais as radiações são emitidas são de dimensão molecular (as moléculas são consideradas como osciladores), Wein introduziu a expressão,

$$E = \frac{a\, e^{-b/\lambda T}}{\lambda^5} \dots (6)$$

Em que E é a energia emitida entre os comprimentos de onda λ e $(\lambda + d\lambda)$, a e b são constantes.

A equação acima é válida na região de baixo comprimento de onda, mas não reproduz os resultados em comprimentos de onda elevados (quando λ é elevado E é demasiado pequeno de acordo com a equação). A equação falha novamente em condições de temperatura elevada.

Leis de Rayleigh e de Jeans e radiação de corpo negro.

Em 1900, os cientistas britânicos **Rayleigh e Jeans** estudaram o problema da distribuição de energia de uma forma diferente. Segundo eles, um corpo negro emite radiações de comprimento de onda continuamente variável, de zero a infinito. Imaginaram que esta radiação se dividia em troncos de onda monocromáticos. Assumiram que as radiações térmicas são emitidas por osciladores. Um oscilador emite radiações com a frequência com que vibra. O número dessas oscilações é determinado pela aplicação da mecânica estatística.

$$Number\ of\ modes\ of\ vibrations\ per\ unit\ volume$$
$$= \frac{8\pi v^2 dv}{c^3} \dots (7)$$

Uma vez que a energia do oscilador pode variar continuamente, pode assumir valores entre 0 e ∞. Nesse caso, a energia de um oscilador é dada pelo princípio da equipartição. Portanto,

$Average\ energy,\ \bar{E} = kT$, em que k é a constante de Boltzmann.

Então a densidade de energia é dada por

$Energy\ density = Number\ of\ modes\ of\ vibrations\ per\ unit\ volume$
$\times\ average\ energy$

$$ie \ E_v \ dv = \frac{8\pi v^2 dv}{c^3} \ kT \ .... (8)$$

Desde então, $v = {}^{c}/_{\lambda}$, $dv = \left| \frac{-c}{\lambda^2} \ d\lambda \right| = \frac{cd\lambda}{\lambda^2}$

Por conseguinte, em termos de λ a densidade de energia pode ser escrita como

$$E_\lambda d\lambda = \frac{8\pi kT}{c^3} \frac{c^2}{\lambda^2} \frac{cd\lambda}{\lambda^2}$$

$$E_\lambda d\lambda = \frac{8\pi kT d\lambda}{\lambda^4}$$

$$\therefore E_\lambda = \frac{8\pi kT}{\lambda^4} ..... (9)$$

Esta equação está de acordo com os resultados experimentais na região de elevado comprimento de onda, mas falha na região de baixo comprimento de onda (**Figura 2**). De acordo com esta equação, a densidade de energia aumenta rapidamente à medida que o comprimento de onda diminui e aproxima-se do infinito quando λ se torna pequeno (o comprimento de onda mais baixo corresponde à região do ultravioleta). Isto prevê uma condição impossível conhecida como **"catástrofe ultravioleta"**. Os valores correspondentes à relação de Rayleigh e Jeans são representados por uma *curva a tracejado*. Esta relação também não tem em conta a dependência da radiação em relação à temperatura.

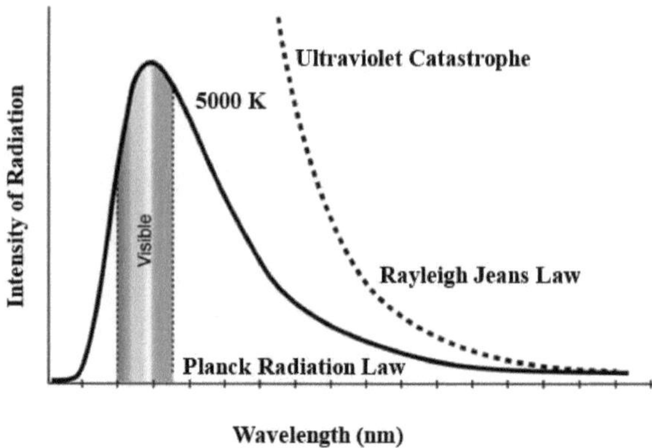

Figura 2: Intensidade da radiação em função do comprimento de onda.

CAPÍTULO 3
LEI DA RADIAÇÃO DE PLANCK

A lei de Planck descreve a radiação electromagnética emitida por um corpo negro em equilíbrio térmico a uma temperatura definida. A lei tem o nome de Max Planck, que a propôs originalmente em 1900. É um resultado pioneiro da física moderna e da teoria quântica.

A lei de Wein é válida na região de baixo comprimento de onda e a lei de Rayleigh-Jeans é válida apenas na região de alto comprimento de onda. Assim, Planck pensou que deveria haver algo de errado na termodinâmica clássica. Em 1901, Planck introduziu uma nova fórmula com base na sua revolucionária teoria quântica.

De acordo com a teoria clássica, a mudança de energia das radiações ocorre de forma contínua, mas, segundo Planck, as mudanças de energia ocorrem de forma descontínua e em múltiplos integrais de pequenas unidades de energia chamadas quantum. Planck propôs a sua teoria com base nos seguintes pressupostos.

Um radiador de corpo negro contém um oscilador harmónico simples de dimensões moleculares.

Os osciladores de corpo negro não podem ter qualquer quantidade de energia, mas uma quantidade discreta de energia igual a múltiplos integrais de uma energia mínima chamada quantum.

Os osciladores não absorvem ou emitem energia continuamente. Eles trocam energia com o meio envolvente em valores discretos, $0, E_0, 2E_0, 3E_0$ etc.

Suponhamos que existem N osciladores e seja E seja a energia total. Então a energia por oscilador é (energia média)

$$\bar{E} = \frac{E}{N} \dots (10)$$

Seja N_0 seja o número de osciladores com energia zero, seja N_1 seja o número de osciladores com E_0 energia, seja N_2 seja o número de osciladores com $2E_0$ energia e assim por diante. Então

$$N = N_0 + N_1 + N_2 + \ldots + N_n$$

A partir da lei de distribuição de Maxwell, o número de moléculas com uma energia é dado por

$$N_n = N_0\, e^{-nE_0/KT} \ldots (11)$$

$$\therefore N = N_0 + N_0\, e^{-E_0/KT} + N_0\, e^{-2E_0/KT} + \cdots$$

$$= N_0 \left[1 + e^{-E_0/KT} + e^{-2E_0/KT} + \cdots \right]$$

$$= N_0 \left(\frac{1}{1 - e^{-E_0/KT}} \right) \ldots (12)$$

Desde $1 + x + x^2 + \ldots = \dfrac{1}{1-x}$

Depois, a energia total,

$$E = N_0 E_0 + N_1 E_0 + N_2 2E_0 + \ldots$$

$$= 0 + N_0\, e^{-E_0/KT} E_0 + N_0\, e^{-2E_0/KT} 2E_0 + \ldots$$

$$= N_0 E_0\, e^{-E_0/KT} \left[1 + 2e^{-E_0/KT} + \ldots \right]$$

$$= \frac{N_0 E_0\, e^{-E_0/KT}}{\left(1 - e^{-E_0/KT} \right)^2} \ldots (13)$$

Desde $1 + 2x + 3x^2 + \ldots = \dfrac{1}{(1-x)^2}$

A energia média é dada por $\bar{E} = \dfrac{E}{N}$

$$ie\ \bar{E} = \frac{N_0 E_0\, e^{-E_0/KT}}{\left(1 - e^{-E_0/KT} \right)^2}\; \frac{1 - e^{-E_0/KT}}{N_0}$$

$$= \frac{E_0\, e^{-E_0/KT}}{1 - e^{-E_0/KT}}$$

Dividing numerator and denominator by $e^{-E_0/KT}$ we get

$$\bar{E}\,\frac{E_0}{\dfrac{1}{e^{-E_0/KT}}-1} = \frac{E_0}{e^{E_0/KT}-1}\,\dots(14)$$

Planck calculou o número de osciladores por unidade de volume na gama de frequências $v\ and\ (v+dv)$ usando a equação,

$$N = \frac{8\pi v^2 dv}{c^3}\,\dots.(15)$$

Por conseguinte, a densidade de energia (número de osciladores por unidade de volume $\times$ energia média $\bar{E}$) no intervalo $v\ and\ (v+dv)$ é

$$E_v dv = \frac{8\pi v^2 hv\,dv}{c^3\left(e^{hv/KT}-1\right)}\,\dots.(16)\ \text{desde}\ E = hv$$

Desde $v = {}^c/_\lambda\,;\ dv = \left|\frac{-c}{\lambda^2}\,d\lambda\right| = \frac{cd\lambda}{\lambda^2}$

Obtemos então a expressão para a densidade de energia em termos de λ.

$$E_\lambda d\lambda = \frac{8\pi c^2 hc\,cd\lambda}{\lambda^2\lambda^2\,\lambda c^3\left(e^{hc/\lambda KT}-1\right)}$$

$$E_\lambda d\lambda = \frac{8\pi hc\,d\lambda}{\lambda^5\left(e^{hc/\lambda KT}-1\right)}\,\dots(17)$$

As equações (16) e (17) são conhecidas como as expressões matemáticas para a Lei da Radiação de Planck.

A lei de Wein, a lei de Rayleigh-Jeans e a lei de Stefan-Boltzmann podem ser derivadas da lei de Planck.

A lei de Wein a partir da lei de Planck

Quando λ é pequeno, $e^{hc/\lambda KT}-1 \approx e^{hc/\lambda KT}$, uma vez que o $e^{hc/\lambda KT} \gg 1$

$$\therefore E_\lambda d\lambda = \frac{8\pi hc}{\lambda^5}\,e^{hc/\lambda KT}d\lambda\,\dots(18)$$

Isto dá a lei de Wein quando substituímos $8\pi hc = a$ e $\dfrac{hc}{K} = b$

$$\therefore E_\lambda = \frac{a}{\lambda^5}\,e^{b/\lambda T}\,\dots.(19)$$

A situação é semelhante quando a temperatura é baixa.

Lei de Rayleigh-Jeans a partir da lei de Planck

Quando λ é elevado λT é grande, então

$$e^{hc/\lambda KT} = 1 + \frac{hc}{\lambda KT} + \left(\frac{hc}{\lambda KT}\right)^2 \frac{1}{2!} + \cdots$$

$$= 1 + \frac{hc}{\lambda KT}\,(\text{ since } e^x = 1 + \frac{x}{1!} + \frac{x^2}{2!} + \cdots)$$

$$\therefore E_\lambda d\lambda = \frac{8\pi hc}{\lambda^5}\,\frac{d\lambda}{(1 + \frac{hc}{\lambda KT} - 1)}$$

$$= \frac{8\pi hcd\lambda\,\lambda KT}{\lambda^5\,hc}$$

$$\therefore E_\lambda d\lambda = \frac{8\pi KT\,d\lambda}{\lambda^4} \ldots (20)$$

Esta é a lei de Rayleigh-Jeans. O mesmo acontece quando a temperatura é elevada.

Lei de Stefan-Boltzmann a partir da lei de Planck

Esta lei pode ser obtida integrando a expressão de Planck para todos os comprimentos de onda em $\int_0^\infty E_\lambda d\lambda$,

$$\therefore E = \frac{8\pi h}{c^3}\,\frac{K^4 T^4}{h^4}\left[\frac{1}{1^4} + \frac{1}{2^4} + \frac{1}{3^4} + \cdots\right]$$

$$E = \frac{8\pi h}{c^3}\,\frac{K^4 T^4}{h^4} \times 1.082 = aT^4$$

$$or\ E \propto T^4 \ldots (21)$$

O valor de a é obtido a partir de estudos experimentais.

Méritos da teoria de Planck

A lei da radiação de Planck explica a distribuição observada das radiações térmicas em toda a gama de comprimentos de onda (**Figura 3**).

No intervalo intermédio, a lei de Planck dá o valor máximo para a densidade de energia, tal como é obtido experimentalmente. O valor λ de energia máxima segundo Planck é $\lambda_{max} = \frac{hc}{4.965}\,KT$.

A lei de Planck conduz à lei de Wein, à lei de Rayleigh-Jean e à lei de Stefan-Boltzmann.

Planck calculou o valor de h a partir de λ_{max}. o valor atualmente aceite de h é $6.626 \times 10^{-34} JS$.

O aspeto mais significativo da teoria de Planck é a postulação de que a energia de um oscilador pode variar apenas em quantidades discretas, chamadas quanta. Os feixes ou quanta de energia dependem da frequência da radiação. Concluiu-se que um oscilador ou qualquer outro sistema capaz de emitir radiação tem, em geral, um conjunto discreto de valores possíveis de energia. Intermediários de energia abaixo destes valores permitidos seriam impossíveis. Este conceito de quanta definido ($hv\ or\ nhv$) é de importância fundamental para a explicação dos dados experimentais espectroscópicos e para o desenvolvimento da teoria atómica.

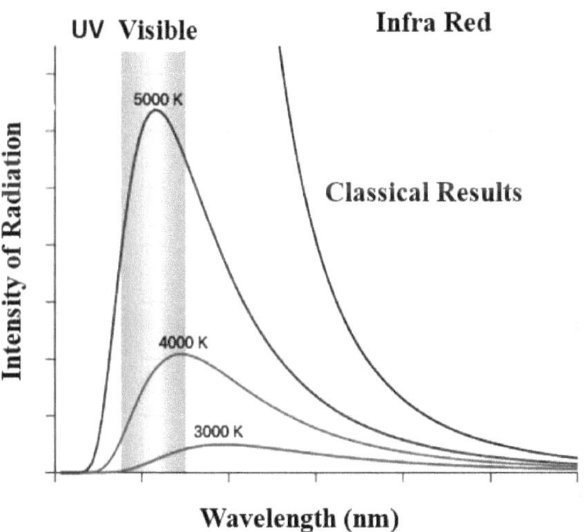

Figura 3: Intensidade da radiação em função do comprimento de onda.

Extensão da teoria quântica de Planck a outros fenómenos

O conceito de quantum dado por Planck em 1901 levou à generalização da teoria quântica por Einstein. Einstein postulou que toda a energia radiante deve ser absorvida ou emitida em quanta, cuja magnitude depende da frequência, de acordo com a equação,

$$E = nh\nu$$

Einstein argumentou que qualquer radiação não é apenas absorvida e emitida, mas também propagada através do espaço em quanta. Isto atribui à luz um carácter corpuscular, tal como acontece com a eletricidade e a matéria. Esta afirmação foi apoiada pelo efeito fotoelétrico e pelo efeito Compton.

CAPÍTULO 4
EFEITO FOTOELÉCTRICO

O efeito fotoelétrico é um dos tipos de provas convincentes de que a luz pode comportar-se como um fluxo de partículas chamadas fotões, em vez de uma onda.

O conceito de efeito fotoelétrico foi documentado pela primeira vez em 1887 pelo físico alemão **Heinrich Rudolf Hertz**. Ele realizou uma série de experiências sobre a produção de ondas electromagnéticas por cargas oscilantes. Estas oscilações são iniciadas por uma faísca que atravessa um espaço entre eléctrodos metálicos. Observou que, quando os eléctrodos de um centelhador são irradiados com luz ultravioleta, a descarga inicia-se com uma tensão mais baixa. Esta queda na tensão de descarga foi mais tarde provada como sendo devida aos electrões emitidos pelo cátodo em resultado da irradiação. Isto deu-lhe a ideia de que os electrões emitidos por uma superfície metálica eram emitidos pela luz.

O efeito fotoelétrico é definido como a emissão de partículas carregadas (mais frequentemente a ejeção de electrões) de um material por radiação electromagnética. Os electrões emitidos são designados por fotoelectrões.

O efeito fotoelétrico é a ejeção de electrões da superfície da placa metálica quando a luz incide sobre ela (**Figura 4**).

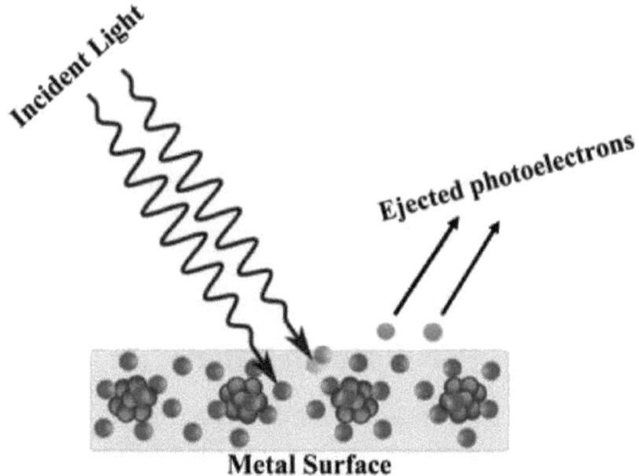

Figura 4: Representação do efeito fotoelétrico

As observações e os resultados do estudo experimental do efeito fotoelétrico são coletivamente designados por **Leis da emissão fotoeléctrica.** As leis importantes relativas à emissão fotoeléctrica são

1. O número de fotoelectrões ejectados é diretamente proporcional à intensidade da luz incidente. Mas a sua velocidade permanece constante.

2. Os fotoelectrões são emitidos imediatamente após a luz incidir sobre o metal.

3. A velocidade do eletrão emitido aumenta com o aumento da frequência da luz incidente. Isto significa que existe uma frequência limite da luz incidente para um metal, abaixo da qual não são emitidos electrões. Esta frequência é conhecida como frequência limite.

Este tipo de interação entre a luz e a matéria não podia ser explicado em termos da teoria clássica da onda electromagnética de Maxwell. Em 1905, **Einstein** propôs uma teoria do efeito fotoelétrico, utilizando um conceito apresentado pela primeira vez por **Max Planck**, segundo o qual a luz é constituída por pequenos pacotes de energia conhecidos como fotões ou quanta de luz. Albert **Einstein** explica o efeito fotoelétrico. Um estudo cuidadoso do efeito fotoelétrico com diferentes metais e diferentes radiações levou às seguintes conclusões experimentais.

1. Para uma dada superfície metálica, existe uma frequência mínima, designada por frequência limite (v_0) da luz incidente, é necessária para libertar os electrões. O comprimento de onda da luz correspondente à frequência limite é designado por comprimento de onda crítico. *ie* $\lambda_0 = {}^c/_{v_0}$. O valor de v_0 ou λ_0 não será o mesmo para todos os metais, uma vez que se trata das propriedades da superfície metálica utilizada.

2. A corrente fotoeléctrica devida aos fotoelectrões aumenta com o aumento da intensidade da luz.

3. Verificou-se que o efeito fotoelétrico é um fenómeno instantâneo. Não existe qualquer intervalo de tempo entre a absorção do fotão incidente e a emissão do eletrão.

4. Por cada fotão absorvido à superfície, é emitido um eletrão.

5. A energia cinética máxima $\left(KE_{max} = \frac{1}{2} mv^2 \right)$ do fotoeletrão é uma função linear e é independente da intensidade da luz.

6. A frequência limite é menor para os metais mais electropositivos (alcalinos). Num determinado grupo v_0 diminui com o aumento do número atómico.

A maioria destes factos não pode ser explicada em termos da teoria clássica, que sugere um intervalo de tempo entre a irradiação e a ejeção dos electrões e que sugere uma proporcionalidade entre a velocidade e a intensidade da luz incidente. A inadequação da teoria clássica levou Einstein a utilizar o conceito quântico para explicar o efeito fotoelétrico. Considerou a luz como um fluxo de fotões (quanta de luz), cada um com uma energia igual a $E = hv$. Cada quantum interage apenas com um eletrão. De acordo com a lei da conservação da energia,

$$E = hv = hv_0 + \frac{1}{2}\, mv^2 \dots (22)$$

Onde hv_0 é a energia de limiar. Isto exprime a lei fotoeléctrica de Einstein. A quantidade mínima de energia necessária para provocar a foto-emissão de electrões a partir da superfície de um metal é designada por **função trabalho (ϕ)** desse metal. O termo ϕ é a função trabalho. A função trabalho é uma propriedade do material. Por isso é constante. Tem valores diferentes para metais diferentes. A função trabalho é também conhecida como energia de limiar. A função de trabalho é dada pela equação,

$\phi = hv_0$, em que v_0 é o limiar de frequência

Portanto, a energia total do fotão = função trabalho + energia cinética máxima do eletrão e a equação de Einstein da equação fotoeléctrica torna-se:

$$E = \phi + KE_{max} \dots. (23)$$

Onde E é a energia incidente dos fotões, φ é a função trabalho do metal e KE é a energia cinética máxima dos electrões.

A energia de um fotão é dada pela equação: $E = hv = \frac{hc}{\lambda}$

Onde v é a frequência da luz incidente, λ é o comprimento de onda correspondente, h é a constante de Planck e c é a velocidade da luz.

$$\therefore E = hv = \frac{hc}{\lambda} = \phi + KE_{max} \dots. (24)$$

A energia máxima dos electrões ejectados da superfície metálica após a ejeção é designada por

energia cinética máxima (KE_{max}). A energia cinética máxima destes foto-electrões é dada por

$$KE_{max} = \frac{hc}{\lambda} - \emptyset \dots. (25)$$

em que h é a constante de Planck v é a frequência da luz incidente ou da radiação electromagnética.

A relação entre a energia cinética máxima e o potencial de paragem é dada por: $KE_{max} = eV_s$

Em que e é a carga de um eletrão e V_s é o potencial de paragem (e = 1,6 × 10^{-19} C)

$$\therefore E = hv = \frac{hc}{\lambda} = \phi + eV_s \ .... (26)$$

Explicação das leis da emissão fotoeléctrica utilizando a equação de Einstein

Da equação fotoeléctrica de Einstein, $hv = hv_0 + \frac{1}{2} mv^2$ segue-se que,

A emissão de electrões só é possível quando $hv > hv_0$... a energia fotónica é superior à função de trabalho eletrónico, que é a energia necessária para retirar um eletrão da superfície metálica. O número de fotoelectrões deve ser evidentemente proporcional ao número de quanta absorvidos, ou seja, à intensidade da luz, como se verifica na experiência. Além disso, da equação resulta que a energia dos fotoelectrões aumenta com a diferença $(v - v_0)$ e é independente da luz incidente.

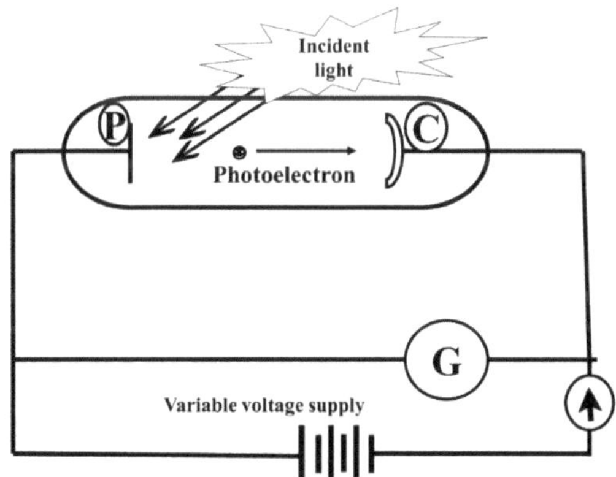

Figura 5: Representação esquemática da montagem experimental do efeito fotoelétrico.

P é uma superfície metálica, que deve ser considerada para o efeito fotoelétrico. C é um cilindro oco que recolhe os electrões emitidos por P. G é um galvanómetro (**figura 5**). Quando C é positivo e P é negativo, os electrões são acelerados em direção a C. Quando C é negativo e P é positivo, os electrões são retardados. A corrente indicada pelo galvanómetro é proporcional à velocidade a que os electrões atingem a superfície C. Se C for tornado negativo em relação a P, a corrente diminui. medida que a diferença de potencial nesta direção aumenta, a corrente diminui rapidamente e torna-se nula a um determinado valor de potencial, chamado potencial de paragem. v_0 ou seja, o potencial de paragem é o potencial do campo elétrico oposto, suficiente para parar a corrente fotoeléctrica. Assim, a lei de Einstein pode ser escrita sob a forma

$$hv = hv_0 + V_s e \ .... (27)$$

Onde V_0 é o potencial de paragem e e é a carga do eletrão.

Uma vez que V_0 é necessário para parar os electrões com a velocidade máxima (ou seja, com a energia cinética máxima), decorre da lei da conservação da energia que

$$\frac{1}{2} \, mv^2 = V_s e$$

Portanto, podemos escrever, $v = v_0 + \frac{e}{h} V_s \ ..... (28)$

Esta equação tem a forma de $y = mx + c$. Por conseguinte, se traçarmos $v(irradiating\ frequency)$ contra o potencial de paragem (V_0), obteremos um gráfico como o apresentado abaixo (**Figura 6**).

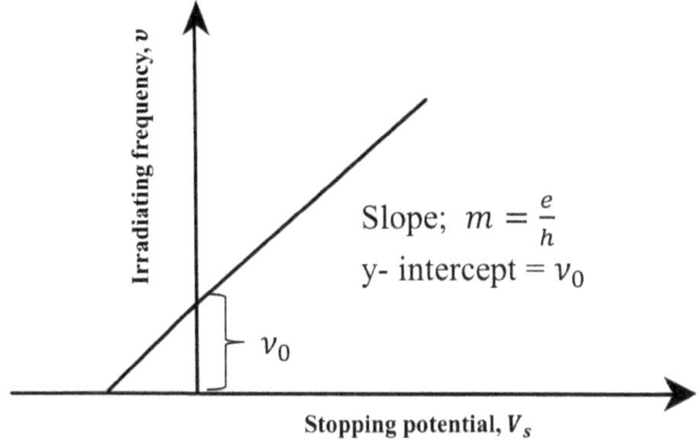

Figura 6: Gráfico da _frequência de_ irradiação (v) em função do potencial de paragem (V_s)

Uma vez que o valor de h calculado por este método está em razoável concordância com o valor correto de h obtido por outros métodos, fica provado que a lei de Einstein está correcta.

CAPÍTULO 5
EFEITO COMPTON

Em 1922, Compton conseguiu explicar o fenómeno da dispersão dos raios X utilizando o conceito quântico de radiação. Esta é uma prova convincente da existência de quanta de luz. Nesta experiência, vamos estudar dois aspectos da interação dos fotões com os electrões. O primeiro é o efeito Compton, em homenagem a Arthur Holly Compton, que recebeu o Prémio Nobel da Física em 1927 pela sua descoberta. O outro diz respeito à radiação emitida quando um eletrão fortemente ligado de um elemento pesado é expulso por um fotão. Isto dá origem a raios X "característicos" que podem ser utilizados para identificar o elemento.

Quando os raios X monocromáticos incidem sobre um material dispersor de baixo peso atómico (por exemplo, o carbono), os raios dispersos contêm um comprimento de onda superior ao comprimento de onda incidente. Este fenómeno é designado por efeito Compton. Os comprimentos de onda das radiações dispersas foram determinados com um espetrómetro de raios X. Esta experiência dá os seguintes resultados.

1. O aumento do comprimento de onda ($\Delta\lambda$) aumenta com o aumento dos valores do ângulo de dispersão (ou seja, o ângulo entre os raios incidentes e dispersos)
2. Para um ângulo de dispersão de 90^0, $\Delta\lambda$ é de 0,02436 Å, independentemente do comprimento de onda do fotão incidente e do valor do ângulo de dispersão.

Para explicar as observações experimentais, Compton recorreu à teoria do efeito fotoelétrico de Einstein. Os raios X, sendo radiação electromagnética, têm de se propagar em quanta com energia $h\nu$ (momentum, $h\nu/c$). O fenómeno de dispersão pode ser considerado como uma colisão elástica de duas partículas, o fotão de raios X e o espalhador, em que a energia e o momento se conservam.

Quando um fotão de energia $h\nu$ colide com um eletrão, este perde uma parte da sua energia sob a forma de energia cinética para o eletrão. Assim, o fotão espalhado terá uma energia menor $h\nu'$ e, consequentemente, um comprimento de onda maior. Neste caso, um eletrão é também ejectado do espalhador com uma energia que depende da sua direção. Este eletrão ejectado é conhecido como eletrão de recuo de Compton.

Teoria do efeito Compton

Compton calculou matematicamente o aumento do comprimento de onda utilizando a teoria quântica. Suponhamos que um quantum de raios X com uma energia igual a $h\nu$ ou momento, $h\nu/c$ incide sobre um eletrão, que está inicialmente em repouso e, portanto, tem uma massa de repouso m_0 e energia m_0c^2.

Suponhamos que o eletrão é ejectado com uma velocidade V numa direção que faz um ângulo θ com a do raio incidente. A dispersão dos raios X de menor frequência v' faz um ângulo φ com o do fotão incidente (**Figura 7**).

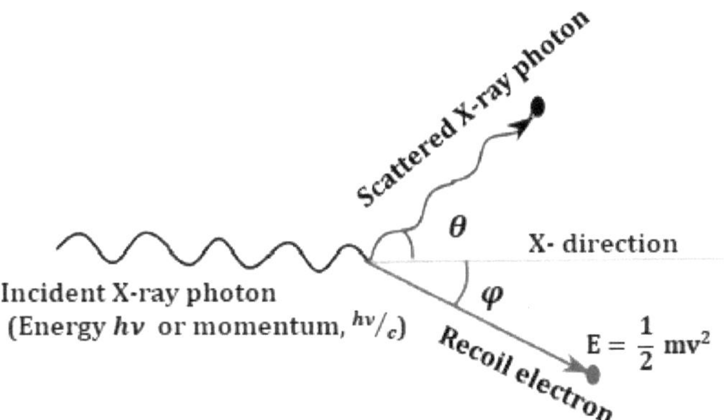

Figura 7: Dispersão do fotão de raios X

Se m_0 é a massa de repouso de um eletrão, a sua massa quando se move com uma velocidade V será dada pela teoria da relatividade como

$$m = \frac{m_0}{\sqrt{1 - \dfrac{V^2}{c^2}}} \,\ldots (29)$$

Onde c é a velocidade da luz.

Uma vez que a energia é conservada,

$$hv + m_0 c^2 = hv' + mc^2$$

$$mc^2 = m_0 c^2 + h(v - v')$$

Esquadria, $m_0{}^2 c^4 = [m_0 c^2 + h(v - v')]^2$

$$= m_0{}^2 c^4 + 2m_0 c^2 h(v - v') + h^2\left(v^2 - 2vv' + v'^2\right) \ldots (30)$$

É evidente a partir da figura que as componentes x e y do momento são as seguintes

$X - component \;=\; component\; in\; the\; direction\; of\; incident\; photon$

$$ie \quad \frac{h\nu}{c} = \frac{h\nu'}{c} \, \cos\varphi + mV\cos\theta \quad .. (31)$$

y − component

= component in the direction perpenducular to incident photon

$$ie \quad 0 = \frac{h\nu'}{c}\cos(90+\varphi) \, - mV\,\cos(90+\theta)$$

$$0 = \frac{h\nu'}{c}\sin\varphi \, - mV\sin\theta \, ... (32)$$

Rearranjando (31) e (32), obtemos

$$mVc\cos\theta = h(\nu - \nu'\cos\varphi) \, ... (33)$$

$$mVc\,\sin\theta = h\nu'\sin\varphi \, ... (34)$$

Elevando ao quadrado e adicionando as equações (33) e (34), obtemos

$$m^2V^2c^2 = h^2\nu^2 - 2h^2\nu\nu'\cos\varphi + h^2\nu'^2\cos^2\varphi + h^2\nu'^2\sin^2\varphi$$

$$m^2V^2c^2 = h^2\nu^2 - 2h^2\nu\nu'\cos\varphi + h^2\nu'^2 \, ... (35)$$

Subtraindo a equação (35) da equação (30),

$$m^2c^2(c^2 - V^2)$$

$$= h^2\left(\nu^2 - 2\nu\nu' + \nu'^2\right) + 2m_0^2c^2h(\nu - \nu') + m_0^2c^4$$

$$- h^2\left(\nu^2 - 2\nu\nu'\cos\varphi + \nu'^2\cos^2\varphi\right)$$

$$= m_0^2c^4 + 2m_0^2c^2h(\nu - \nu') - h^2 2\nu\nu' + h^2 2\nu\nu'\cos\varphi$$

$$= m_0^2c^4 + 2m_0^2c^2h(\nu - \nu') - h^2 2\nu\nu'(1 - \cos\varphi)$$

Mas, $m = \dfrac{m_0}{\sqrt{1-\frac{V^2}{c^2}}} = \dfrac{m_0c}{\sqrt{c^2-V^2}}$

$$m^2 = \frac{m_0^2c^2}{c^2 - V^2}$$

$$ie \quad m_0^2c^2 = m^2(c^2 - V^2)$$

Multiplicando ambos os lados por c^2 obtemos $m_0^2c^4 = m^2c^2(c^2 - V^2)$

$$\therefore m^2c^2(c^2 - V^2) = m_0^2c^4$$

$$= m_0^2c^4 + 2m_0^2c^2h(\nu - \nu') - h^2 2\nu\nu'(1 - \cos\varphi)$$

$$or \quad 2m_0^2c^2h(\nu - \nu') = h^2 2\nu\nu'(1 - \cos\varphi)$$

$$m_0^2c^2(\nu - \nu') = h\nu\nu'(1 - \cos\varphi)$$

Dividindo por $\nu\nu'$

$$\frac{1}{\nu'} - \frac{1}{\nu} = \frac{h}{m_0 c^2} (1 - \cos\varphi)$$

Multiplicando por c

$$\frac{c}{\nu'} - \frac{c}{\nu} = \frac{h}{m_0 c} (1 - \cos\varphi)$$

$$\lambda' - \lambda = \Delta\lambda = \frac{h}{m_0 c} (1 - \cos\varphi) \dots (36)$$

A partir da equação acima, é evidente que o aumento do comprimento de onda $\Delta\lambda$ é independente do comprimento de onda da radiação incidente e depende do ângulo de dispersão. A quantidade $\frac{h}{m_0 c}$ é chamada comprimento de onda de Compton, que é igual a

$$\frac{6.626 \times 10^{-27}}{0.91 \times 10^{-31} \times 3 \times 10^{10}} \text{ Å} = 0.02427 \text{ Å}$$

Quando $\varphi = 90^0$,

$$\Delta\lambda = \frac{h}{m_0 c} (1 - \cos 90) = \frac{h}{m_0 c} \dots (37)$$

Este valor está em boa concordância com 0,02436 Å, o valor observado.

Quando $\varphi = 0^0$, $\Delta\lambda = \frac{h}{m_0 c} (1 - \cos 0) = 0$

Quando $\varphi = 180^0$, $\Delta\lambda = \frac{h}{m_0 c} (1 - \cos 180)$

$$= \frac{h}{m_0 c} (1 - (-1)) = \frac{2h}{m_0 c}$$

ou seja $\Delta\lambda$ aumenta com o aumento dos valores de φ

CAPÍTULO 6
LINHAS ESPECTRAIS ATÓMICAS

As investigações dos espectros atómicos e moleculares dão ideias sobre a estrutura atómica e molecular. Estas investigações baseiam-se no princípio de que apenas certos estados de energia discretos (teoria quântica de Planck) são possíveis para um átomo ou molécula. A investigação dos espectros atómicos fornece informações sobre a disposição e o movimento (momentos angulares) dos electrões num átomo. Além disso, conduziu à descoberta do spin dos electrões e a uma compreensão teórica do sistema periódico dos elementos. Os dados sobre as propriedades fundamentais dos diferentes átomos obtidos através dos espectros constituem uma base para a compreensão da formação das moléculas e das propriedades químicas e físicas dos elementos.

Em 1911, Rutherford propôs o seu modelo planetário do átomo, no qual os electrões

giram em torno do núcleo em várias órbitas, tal como os planetas giram em torno do Sol. Um eletrão que circunda o núcleo a uma velocidade constante está a ser acelerado, uma vez que a direção do seu vetor velocidade está continuamente a mudar. Assim, os electrões no modelo de Rutherford deveriam perder continuamente energia por radiação e, portanto, espiralariam em direção ao núcleo. Assim, de acordo com a física clássica (século XIX), o átomo de Rutherford é instável e entraria em colapso.

A teoria de Bohr

Bohr introduziu o conceito de órbitas estacionárias ou não radiativas para explicar a estabilidade dos átomos. Os postulados do Modelo Atómico de Bohr são

1. Um átomo é constituído por um núcleo com carga positiva, responsável por quase toda a massa do átomo.

2. Os electrões giram em torno do núcleo em certas órbitas circulares permitidas de raios definidos.

3. As orbitais permitidas são aquelas para as quais o momento angular de um eletrão é um múltiplo integral de $\frac{h}{2\pi}$ em que h é a constante de Planck. Se m é a massa e v é a velocidade do eletrão numa orbital permitida de raio r, então

$$L = mvr = n\left[\frac{h}{2\pi}\right]; n = 1,2,3, \dots$$ onde L é o momento angular e n é o número da órbita. O número inteiro n é designado por *número quântico principal*. Esta equação é conhecida como postulado de quantização de Bohr.

4. Quando os electrões se movem em órbitas discretas permitidas, não irradiam energia. Estas orbitais são designadas por orbitais estacionárias ou não irradiantes. Desta forma, Bohr ultrapassou a dificuldade em explicar a estabilidade do átomo.

5. A energia é irradiada quando um eletrão salta da órbita superior para a inferior e a energia é absorvida quando salta da órbita inferior para a superior.

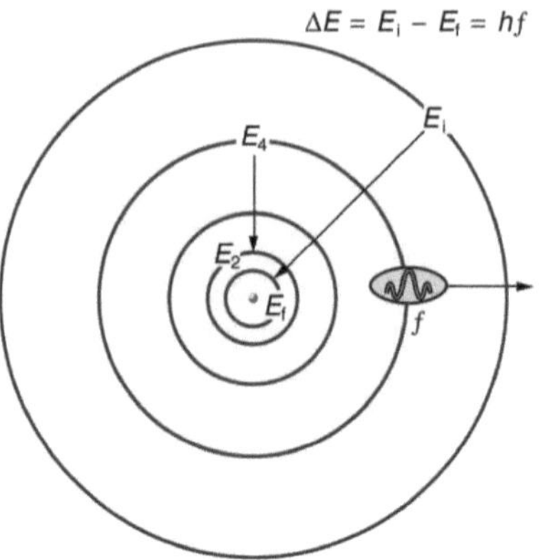

Figura 8: Modelo de Bohr do átomo de hidrogénio

Se E_i e E_f são as energias (**Figura 8**) associadas a órbitas de números quânticos principais n_i e n_f respetivamente ($n_i < n_f$), a frequência da radiação emitida é dada por

$$h\nu = \Delta E = E_f - E_i \ .... (38)$$

Esta equação é conhecida como *condição de frequência de Bohr*.

Cálculo da energia de um eletrão no átomo de hidrogénio de Bohr.

Seja a carga nuclear de um eletrão $+Ze$. O eletrão com carga $-e$ gira em torno do núcleo de raio r com velocidade v. A força de atração eletrostática entre o núcleo e o eletrão é dada por

$$F_e = \frac{1}{4\pi\varepsilon_0}\frac{Ze^2}{r^2} \ .... (39)$$

A força centrípeta adquirida pelo eletrão é dada por $F_c = \frac{mv^2}{r}$

Uma vez que a força de atração eletrostática entre o núcleo e o eletrão fornece a força centrípeta necessária, para o movimento circular estável, $F_e = F_c$. Portanto,

$$\frac{1}{4\pi\varepsilon_0}\frac{Ze^2}{r^2} = \frac{mv^2}{r}$$

$$mv^2 = \frac{1}{4\pi\varepsilon_0}\frac{Ze^2}{r} \dots \dots (40)$$

De acordo com a condição de quantização de Bohr,

$$L = mvr = n\left[\frac{h}{2\pi}\right]; n = 1,2,3, \dots$$

$$v = \frac{nh}{2\pi mr} \dots \dots .. (41)$$

Substituindo o valor de v na equação acima,

$$m\left(\frac{nh}{2\pi mr}\right)^2 = \frac{1}{4\pi\varepsilon_0}\frac{Ze^2}{r}$$

Assim, o raio r_n da n-ésima órbita é dado por

$$r \equiv r_n = (4\pi\varepsilon_0)(\frac{n^2h^2}{4\pi^2 Zme^2}); n = 1,2,3, \dots \dots \dots .. (42)$$

Assim, os raios das órbitas estacionárias são diretamente proporcionais ao quadrado do número quântico principal. *ie* $r \propto n^2$ Uma vez que todos os outros termos constituem uma única constante.

O raio de Bohr é definido como $r_n = a_0 = (4\pi\varepsilon_0)\left(\frac{h^2}{4\pi^2 Zme^2}\right) \dots (43)$

Velocidade do eletrão.

Substituindo o valor de r da equação (42) na equação (41) obtemos,

$$v \equiv v_n = \frac{nh}{2\pi m}\left\{\frac{1}{4\pi\varepsilon_0}\frac{4\pi^2 mZe^2}{n^2h^2}\right\} = \frac{1}{4\pi\varepsilon_0}\frac{2\pi Ze^2}{nh} \dots \dots (44)$$

Se c é a velocidade da luz, então a equação (44) pode ser escrita como,

$$v_n = \frac{1}{4\pi\varepsilon_0}\frac{2\pi Ze^2}{ch}\left(\frac{c}{n}\right) \dots . (45)$$

O fator, $\frac{1}{4\pi\varepsilon_0}\frac{2\pi e^2}{ch}\left(\frac{c}{n}\right)$ é uma constante chamada constante de estrutura fina, α. O seu valor é de $\frac{1}{137}$. Assim, como Z=1 para o átomo de hidrogénio, então para n=1. Assim, podemos ver que a velocidade do eletrão na primeira órbita é igual a $\frac{1}{137}$th da velocidade da luz.

Energia do eletrão

Seja E_k e E_p a energia cinética e a energia potencial, respetivamente, do eletrão na órbita n^{th}. Então, a energia total é dada por

$$E = E_k + E_p = \frac{1}{2}mv^2 - \frac{Ze^2}{4\pi\varepsilon_0 r} \dots (46)$$

Utilizando a equação (40)verificamos que

$$E_k = \frac{1}{4\pi\varepsilon_0}\frac{Ze^2}{2r}$$

Por isso, $E = \frac{1}{4\pi\varepsilon_0}\frac{Ze^2}{2r} - \frac{1}{4\pi\varepsilon_0}\frac{Ze^2}{r} = -\frac{1}{4\pi\varepsilon_0}\frac{Ze^2}{2r}$

Substituindo o valor de r da equação (42), verificamos que a energia do eletrão na órbita n^{th} é dada por

$$E_n = -\frac{1}{(4\pi\varepsilon_0)^2}\frac{2\pi^2 Z^2 m e^4}{n^2 h^2}; n = 1, 2, 3, \dots (47)$$

O sinal negativo nesta equação mostra que o eletrão e o núcleo formam um sistema ligado, ou seja, o eletrão é atraído para o núcleo.

O espetro do átomo de hidrogénio

O espetro de linhas mais simples é o do átomo de hidrogénio, porque o próprio hidrogénio contém apenas um eletrão. Quando se fornece energia a uma dada amostra de hidrogénio gasoso, que contém um grande número de átomos de hidrogénio, os diferentes átomos de hidrogénio absorvem quantidades diferentes de energia. Os electrões nos diferentes átomos de hidrogénio deslocam-se para diferentes níveis de energia, dependendo da energia absorvida. O eletrão tende então a voltar, quase imediatamente, a um ou outro dos níveis de energia mais baixos. As várias possibilidades através das quais os electrões passam de vários níveis de energia excitados para níveis de energia mais baixos (transições electrónicas) estão representadas na **Figura 9**. Durante cada transição, é libertada energia que aparece sob a forma de radiação com um comprimento de onda ou frequência específicos. Isto resulta na formação do espetro do hidrogénio, que consiste numa série de linhas cuja separação e intensidade diminuem de uma forma perfeitamente regular.

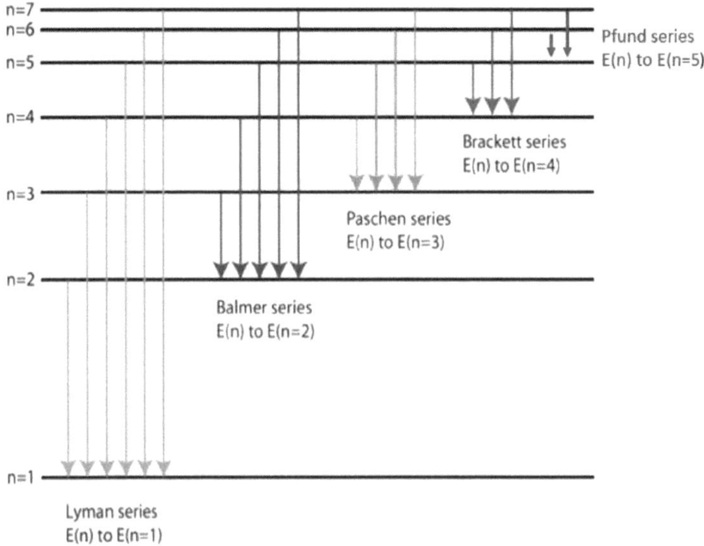

Figura 9: O espetro do átomo de hidrogénio e os níveis de energia

Suponhamos que um eletrão presente no nível de energia mais elevado n_2 com energia E_2 regressou ao nível de energia inferior n_1 com energia E_1. As energias associadas aos dois níveis de energia são

$$E_2 = -\frac{1}{(4\pi\varepsilon_0)^2}\frac{2\pi^2 me^4}{n_2{}^2 h^2} \; e \; E_1 = -\frac{1}{(4\pi\varepsilon_0)^2}\frac{2\pi^2 me^4}{n_1{}^2 h^2}$$

Assim, o espetro de emissão do hidrogénio apareceria como uma linha com uma frequência ou comprimento de onda correspondente à diferença de energia, $\Delta E = E_2 - E_1$. Se v é a frequência da linha espetral, então

$$\Delta E = E_2 - E_1 = -\frac{1}{(4\pi\varepsilon_0)^2}\frac{2\pi^2 me^4}{n_2{}^2 h^2} + \frac{1}{(4\pi\varepsilon_0)^2}\frac{2\pi^2 me^4}{n_1{}^2 h^2} = hv$$

$$ou \; v = \frac{\Delta E}{h} = \frac{2\pi^2 me^4}{(4\pi\varepsilon_0)^2 h^3}\left(\frac{1}{n_1{}^2} - \frac{1}{n_2{}^2}\right)$$

$$\bar{v} = \frac{1}{\lambda} = \frac{v}{c} = \frac{2\pi^2 me^4}{(4\pi\varepsilon_0)^2 h^3 c}\left(\frac{1}{n_1{}^2} - \frac{1}{n_2{}^2}\right)$$

$$\bar{v} = R_H \left(\frac{1}{n_1{}^2} - \frac{1}{n_2{}^2} \right) \dots \dots (48)$$

em que R_H é chamada a **constante de Rydberg** do átomo de hidrogénio. O nome de Rydberg é comemorado porque ele generalizou esta expressão para acomodar todas as transições no hidrogénio atómico.

$$R_H = \frac{2\pi^2 m e^4}{(4\pi\varepsilon_0)^2 h^3 c} cm^{-1} = \frac{2\pi^2 m e^4}{(4\pi\varepsilon_0)^2 h^2} Joules.$$

(A frequência em cm^{-1} é multiplicada por hc para obter a energia em Joules)

$$R_H = 1.092 \times 10^5 \ cm^{-1} = 21.79 \times 10^{-19} \ Joules = 13.6 \ eV$$

As linhas observadas no espetro de emissão do átomo de hidrogénio podem ser explicadas através da equação (48).

As **séries de Lyman** são produzidas quando o eletrão salta do segundo, terceiro, quarto ou mais níveis de energia para o primeiro nível de energia. As frequências espectrais destas linhas podem ser obtidas substituindo $n_1 = 1 \ and \ n_2 = 2,3,4, \dots$ na equação (48).

A **série de Balmer** resulta quando o eletrão salta do terceiro, quarto, quinto, etc., níveis de energia para o segundo nível de energia. Neste caso, as várias frequências são calculadas substituindo $n_1 = 2 \ and \ n_2 = 3,4,5, \dots$ na equação (48). Do mesmo modo, a **série de Paschen** tem origem no salto do eletrão do quarto, quinto, sexto e níveis de energia superiores para o terceiro nível de energia e as suas frequências são obtidas substituindo $n_1 = 3 \ and \ n_2 = 4,5,6, \dots$ na equação (48). No caso das **séries de Brackett** ($n_1 = 4$) e a **série de Pfund** ($n_1 = 5$).

Limitações da teoria de Bohr

O sucesso da teoria de Bohr foi magnífico. A teoria de Bohr imaginava vividamente a estrutura de um átomo de hidrogénio, com um eletrão a girar em torno do núcleo central numa órbita circular.

Rapidamente se tornou claro que a teoria tinha uma limitação. Após vários aperfeiçoamentos, a teoria de Bohr conseguiu explicar os espectros atómicos de átomos semelhantes ao hidrogénio com um eletrão, como o ião hélio He+. No entanto, os espectros atómicos dos átomos polielectrónicos não podiam ser explicados. Além disso, não se conseguiu obter uma explicação convincente para a ligação química.

Por outras palavras, a teoria de Bohr foi um passo em direção a uma teoria da estrutura atómica que poderia ser aplicável a todos os átomos e ligações químicas. O significado da sua teoria não deve ser subestimado, uma vez que demonstrou claramente a necessidade da teoria quântica para compreender a estrutura atómica e, de um modo mais geral, a estrutura da matéria.

Modelo vetorial do átomo

A teoria de Bohr não conseguia explicar a estrutura fina das linhas espectrais do átomo de hidrogénio e a forma como os electrões orbitais de um átomo se distribuíam à volta do núcleo. Mais tarde, Sommerfield clarificou a estrutura fina do átomo de hidrogénio. No entanto, a teoria de Sommerfield não foi capaz de fornecer informações sobre as intensidades relativas das várias linhas espectrais do átomo de hidrogénio e também não conseguiu explicar os espectros complexos dos metais alcalinos, como o sódio. Estas teorias mais antigas eram inadequadas para explicar as novas descobertas, como o efeito Zeeman e o efeito Stark, em que as linhas espectrais se podiam dividir sob a influência de campos magnéticos e eléctricos.

O modelo vetorial do átomo é uma representação conveniente dos electrões de um átomo em termos dos seus momentos angulares. Este modelo de mecânica quântica pode ser considerado como a extensão do modelo atómico de Rutherford-Bohr-Sommerfeld a átomos com vários electrões. Duas características distintas do modelo vetorial do átomo são o conceito de quantização do espaço e a hipótese do eletrão girante.

De acordo com a teoria de Bohr, as orbitais são quantificadas apenas em termos da sua magnitude (ou seja, do seu tamanho e magnitude). Mas, de acordo com a teoria quântica, a direção ou orientação das orbitais no espaço também deve ser quantificada. A orientação da órbita de um eletrão no espaço é em relação a um eixo de referência fixo especificado. Em seguida, é aplicado um campo magnético externo a um átomo em relação a este eixo/linha de referência. As diferentes orientações permitidas de uma órbita eletrónica são determinadas pelo facto de as projecções das órbitas quantizadas na direção do campo terem de ser elas próprias quantizadas. Esta ideia de quantização do espaço leva a uma explicação do efeito Zeeman. Uma excelente prova experimental da quantização espacial de um átomo é a experiência de Stern Gerlach.

Em 1926, Uhelenbeck e Goudsmit introduziram o conceito de hipótese do eletrão giratório para explicar a estrutura fina observada nas linhas espectrais e explicar o efeito Zeeman anómalo. De acordo com a sua hipótese, um eletrão gira em torno de um eixo próprio, enquanto orbita em torno do núcleo do átomo. Este movimento de rotação de um eletrão deve também ser quantizado, à semelhança do movimento orbital, e dá origem a um novo número quântico chamado número quântico de rotação. Assim, os movimentos de spin e orbital quantizados conduzem à ideia de quantização do espaço e são considerados como vectores quantizados. Assim, o momento angular total de um átomo (J) deve ser a soma vetorial do momento angular orbital (L) e do momento angular de spin (S).

$$J = L + S \dots (49)$$

Do mesmo modo, o momento magnético total de um átomo deve ser a soma vetorial dos momentos magnéticos orbital e de spin.

De acordo com a mecânica quântica, o momento angular é quantizado e existe uma relação de incerteza para as componentes de cada vetor. Geometricamente, é um conjunto discreto de cones circulares rectos, sem a base circular, em que os eixos de todos os cones estão alinhados num eixo comum, convencionalmente o eixo z para coordenadas cartesianas tridimensionais (**Figura 10**).

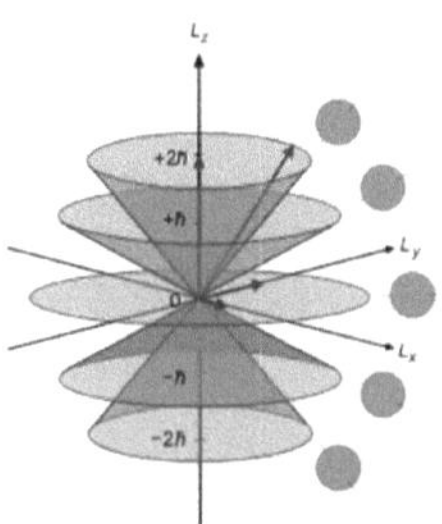

Figura 10: Modelo vetorial do momento angular orbital.

O comutador implica que, para cada um de L, S e J, apenas uma componente de qualquer vetor de momento angular pode ser medida em qualquer instante de tempo; ao mesmo tempo, as outras duas são indeterminadas. O comutador de quaisquer dois operadores de momento angular (correspondentes às direcções das componentes) é diferente de zero.

As magnitudes de L, S e J podem, no entanto, ser medidas ao mesmo tempo, uma vez que a comutação do quadrado de um operador de momento angular (resultante total, não componentes) com qualquer componente é zero. Assim, a medição simultânea de

$\hat{L}_x$ with $\hat{L}^2$; $\hat{S}_x$ with $\hat{S}^2$ e $\hat{J}_x$ with $\hat{J}^2$ satisfazer

$$\left[\hat{L}_x , \hat{L}^2\right] = 0 \dots\dots (50)$$

$$[\hat{S}_x, \hat{S}^2] = 0 \dots\dots (51)$$

$$[\hat{J}_x, \hat{J}^2] = 0 \dots\dots (52)$$

Em termos de operadores e componentes vectoriais, a magnitude de $\hat{L}^2$, $\hat{S}^2$ e $\hat{J}^2$ pode ser escrita como

$$\hat{L}^2 = \hat{L}_x{}^2 + \hat{L}_y{}^2 + \hat{L}_z{}^2 \rightleftharpoons L.L = L^2 = \vec{L}_x{}^2 + \vec{L}_y{}^2 + \vec{L}_z{}^2 \dots. (53)$$

$$\hat{S}^2 = \hat{S}_x{}^2 + \hat{S}_y{}^2 + \hat{S}_z{}^2 \rightleftharpoons S.S = S^2 = \vec{S}_x{}^2 + \vec{S}_y{}^2 + \vec{S}_z{}^2 \dots. (54)$$

$$\hat{J}^2 = \hat{J}_x{}^2 + \hat{J}_y{}^2 + \hat{J}_z{}^2 \rightleftharpoons J.J = J^2 = \vec{J}_x{}^2 + \vec{J}_y{}^2 + \vec{J}_z{}^2 \dots. (55)$$

Os membros quânticos correspondentes podem ser escritos como

$$|L| = \hbar\sqrt{l(l+1)}; \; L_z = m_l\hbar \dots. (56)$$

$$|S| = \hbar\sqrt{s(s+1)}; \; S_z = m_s\hbar \dots. (57)$$

$$|J| = \hbar\sqrt{j(j+1)}; \; J_z = m_j\hbar \dots. (58)$$

Onde $\hbar = \frac{h}{2\pi}l$ é o número quântico azimutal, s é o número quântico de spin intrínseco ao tipo de partícula e j é o número quântico de momento angular total.

O m_l, m_s e m_j podem assumir valores,

$$m_l \in \{-l, -(l-1), \dots, (l-1), l\} \text{ e } l \in \{0,1,2, \dots, (n-1)\}$$

$$m_s \in \{-s, -(s-1), \dots, (s-1), s\}$$

$$m_j \in \{-j, -(j-1), \dots, (j-1), j\} \text{ e } m_j = m_l + m_s; j = |l+s|$$

Estes factos matemáticos sugerem a existência de um contínuo de todos os momentos angulares possíveis para um número quântico específico correspondente:

1.   uma direção é constante, as outras duas são variáveis.

2)   A magnitude dos vectores deve ser constante.

Os resultados geométricos são um cone de vectores, os vectores começam no vértice do cone e a sua ponta atinge a circunferência do cone. Convencionalmente, a componente z do momento angular é medida e o eixo z é tomado como eixo do cone.

Para números quânticos diferentes, os cones são diferentes. Assim, existe um número discreto de estados de momentos angulares com todos os valores possíveis de s e j. O aumento dos valores de s e j resulta em cones acima do plano x-y e a diminuição dos valores (negativos) de s e j representa cones reflectidos abaixo do plano x-y. Um destes estados, para um número quântico igual a zero, não corresponde claramente a um cone, apenas a um círculo no plano x-y. O número de cones (incluindo o círculo planar degenerado) é igual à multiplicidade de estados, $(2l + 1)$.

<u>**CAPÍTULO 7**</u>

<u>**DUALIDADE ONDA-PARTÍCULA**</u>

Dualidade onda-partícula - relação de De Broglie.

Em 1905, Einstein sugeriu que **a luz** tem um carácter duplo: onda e partícula. A possibilidade de as partículas de matéria, como os electrões, poderem ter um carácter simultaneamente particulado e ondulatório foi proposta pela primeira vez pelo físico francês **Louis de Broglie em 1924**, tendo-lhe sido atribuído o Prémio Nobel no ano de 1929. Para dar alguma lógica a esta situação, Broglie disse que a natureza se manifesta sob duas formas - matéria e radiação. E se a radiação tem um comportamento duplo, então, em virtude da simetria, a matéria também deveria ter um comportamento duplo. Especificamente, ele postulou que uma partícula de matéria com momento p pode também ser descrita por uma onda com um comprimento de onda λ. A relação de Broglie pode ser facilmente derivada utilizando a relação massa/energia de Einstein, via.., $E = mc^2$. Equacionando esta energia com a energia de um fotão associado a uma frequência, ν, temos

$$E = h\nu = mc^2 \;\;....(59)$$

Desde $\nu = \frac{c}{\lambda}$, logo $\frac{hc}{\lambda} = mc^2$ de modo que

$$\lambda = \frac{h}{mc}$$

Substituindo c pela velocidade do eletrão, v, temos

$$\lambda \text{ (Wave Character)} = \frac{h}{p} = \frac{h}{mv} \text{ (Particle Character) } ....(60)$$

em que λ é o comprimento de onda caraterístico da onda e p é o momento caraterístico da partícula de massa m movendo-se com uma velocidade, v ($p = \square\square$). Este comprimento de onda é agora designado por **comprimento de onda de De Broglie.**

42

Isto significa que uma partícula com um momento elevado tem um comprimento de onda mais curto. Os objectos macroscópicos têm momentos tão elevados (a massa é grande), que os seus comprimentos de onda são indetectáveis e, por isso, as propriedades ondulatórias da matéria não podem ser observadas. (Para uma pessoa de 100 kg que caminha a 5 m/s, o momento é de 500 kg-m/s e o comprimento de onda correspondente seria h/p = (6,63x10-34 J-s)/(500 kg-m/s) = 1,32x10-36 m. Assim, não veríamos efeitos de difração até passarmos por uma porta com uma largura da ordem dos 10-36 m). Apesar destas incapacidades, a mecânica clássica pode ser utilizada para explicar o comportamento dos objectos macroscópicos. É necessário invocar a mecânica quântica apenas para objectos microscópicos, em que as massas são pequenas.

A hipótese de de Broglie relativa ao carácter ondulatório da matéria recebeu a primeira prova experimental na experiência de Davisson e Germer, que utilizaram electrões como partículas de bombardeamento em vez de raios X em experiências com tubos de raios catódicos. Uma vez que os electrões se comportam como ondas, difractam a matriz periódica de átomos na superfície do cristal. Isto é análogo à difração da luz numa grelha. Isto mostrou que os electrões apresentavam um comportamento ondulatório e estabeleceu **a dualidade onda-partícula** da matéria e da radiação. Esta ideia inspirou Erwin Schrödinger, que em 1926 inventou um novo sistema de mecânica quântica conhecido como mecânica ondulatória.

Distinção entre ondas de matéria e ondas electromagnéticas

Deve-se notar cuidadosamente que as ondas de matéria são distintamente diferentes das ondas electromagnéticas. A velocidade destas ondas não é a mesma que a da luz; é, compreensivelmente, muito menor. Estas ondas não podem ser irradiadas no espaço vazio. Não são certamente emitidas pela partícula em questão; estão simplesmente associadas a ela. Os comprimentos de onda das ondas de matéria são geralmente muito pequenos quando comparados com os comprimentos de onda das ondas electromagnéticas.

Verificação experimental da relação de Broglie

A verificação da equação de de Broglie só é possível derivando dela certas consequências que podem depois ser testadas experimentalmente.

Seja um eletrão de carga e seja acelerado por um potencial, V. Então a sua energia cinética é eV. A energia cinética é também igual a $\frac{1}{2}mv^2$ onde v é a velocidade do eletrão. Assim,

$$\frac{1}{2}mv^2 = eV \ or \ v = \ (2eV/m)^{\frac{1}{2}} \ .... (61)$$

Substituindo o valor de v na equação de de Broglie, obtemos

$$\lambda = \frac{h}{(2meV)^{\frac{1}{2}}} \ .... (62)$$

Substituindo os valores numéricos dos termos constantes, temos

$\lambda = 12.26 \times 10^{-10} \ V^{\frac{1}{2}}$ m, em que V é o valor numérico do potencial em volts.

Se um eletrão for acelerado através de um potencial de 100 volts, o seu comprimento de onda deverá ser $1.226 \times 10^{-10} m$. Se o potencial variar entre 10 e 10.000 volts, λ deverá variar entre $3.887 \times 10^{-10} m$ e $0.1226 \times 10^{-11} m$. É sabido que os raios X têm comprimentos de onda desta ordem. Sabe-se também que os sólidos cristalinos podem atuar como grelhas de difração para os raios X com comprimentos de onda da ordem acima referida. Por conseguinte, se o ponto de vista de de Broglie sobre a dualidade onda-partícula do eletrão estiver correto, os sólidos cristalinos também devem atuar como redes de difração para um feixe de electrões. Este facto foi verificado experimentalmente.

Experiência de Davisson e Germer.

A hipótese de de Broglie sobre o carácter ondulatório do eletrão recebeu o seu primeiro apoio experimental de CJ Davisson e LH Germer. Na sua experiência, os electrões foram emitidos a partir de um filamento quente e acelerados por um potencial que variava entre 40 e 68 volts antes de atingirem uma placa de níquel, como se mostra na **Figura 11**.

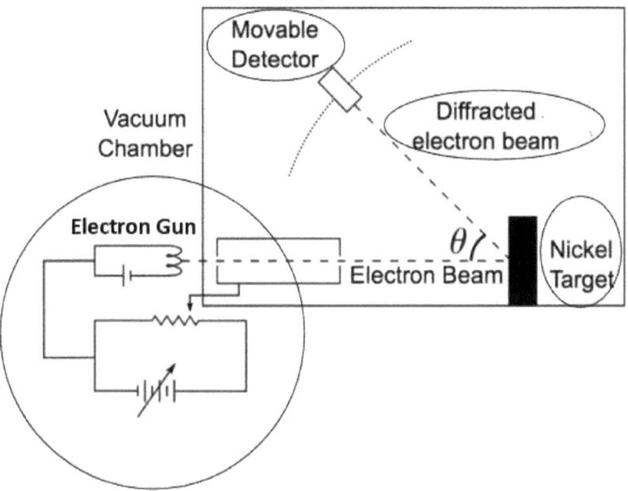

Figura 11: Experiência de Davisson e Germer

Verificaram que o impacto dos electrões resultava na produção de padrões de difração semelhantes aos dos raios X em condições semelhantes. Uma vez que os raios X possuem carácter ondulatório, a experiência forneceu provas directas do carácter ondulatório do eletrão.

Foram medidas as intensidades das ondas de electrões dispersas pela placa de níquel em diferentes ângulos. Verificou-se que a reflexão era mais intensa e ocorria a um ângulo de 500 quando os electrões eram acelerados a 54 volts. Substituindo o valor de V como 54 volts na equação, pode mostrar-se que o valor de λo comprimento de onda da onda eletrónica é de 1,668A. Este comprimento de onda também se encontra na gama dos raios X. Este é outro ponto de semelhança entre as ondas de electrões e os raios X. Por isso, é possível aplicar a equação de Bragg derivada para os raios X também às ondas de electrões. De acordo com esta equação $2d\ sin\theta = n\lambda$ onde n é o número inteiro (1,2, 3,...) do comprimento de onda λ para uma reflexão de intensidade máxima e d é a distância entre planos sucessivos no cristal (aqui Ni) e θ é o ângulo de rasante das ondas. Assim, a experiência de Davisson e Germer fornece um método independente para determinar o comprimento de onda das ondas electrónicas. O valor de λ muito próximo do obtido pela relação de Broglie. A experiência de Davisson e Germer forneceu uma prova experimental da relação de Broglie.

CAPÍTULO 8
CAPACIDADE TÉRMICA DOS SÓLIDOS

Capacidade térmica dos sólidos

[th]No início do século XIX, a teoria elementar da capacidade térmica dos sólidos foi apresentada por dois cientistas franceses, Dulong e Petit. Eles determinaram as capacidades caloríficas $C_v = \left(\frac{\partial U}{\partial T}\right)_v$ de um certo número de sólidos monoatómicos e propuseram que os valores da capacidade térmica molar de todos os sólidos monoatómicos são os mesmos, independentes da temperatura e próximos de cerca de $3R (25\,JK^{-1}mol^{-1})$. A isto chama-se Lei de Dulong e Petit, o calor específico de um sólido é uma constante independente da temperatura e pode ser explicado em termos do princípio clássico da equipartição.

Os átomos no sólido cristalino estão dispostos num padrão definido, têm apenas movimento vibracional e oscilam em torno da sua posição média. Para cada átomo, existem 3 graus de liberdade vibracionais, de modo que, para um cristal de N átomos, existem $3N$ graus de liberdade. Cada modo de vibração contribui com uma energia igual a KT. No espaço tridimensional, a energia média de cada átomo é 3KT. Para N átomos, a energia total é $3NKT$. Com isto, a energia interna molar (U_m) passa a ser

$U_M = 3NKT = 3RT$ desde então, $R = NK = gas\ constant$

Por conseguinte, o batimento específico molar a volume constante passa a ser

$$C_{v,m} = \left(\frac{\partial U}{\partial T}\right)_v = 3R \approx 25\,JK^{-1}mol^{-1} \ \dots (63)$$

No entanto, verificou-se experimentalmente que as capacidades caloríficas molares não são independentes da temperatura. Verificou-se que as capacidades caloríficas molares de todos os sólidos mono-atómicos (como Be, B, C, Si, ...) são inferiores a 3R a temperaturas suficientemente

47

baixas e que os valores se aproximam de zero quando $T \rightarrow 0$ (**Figura 12**). Assim, a lei de Dulong e Petit restringe-se a temperaturas bastante elevadas e não consegue explicar as capacidades caloríficas dos sólidos a baixas temperaturas.

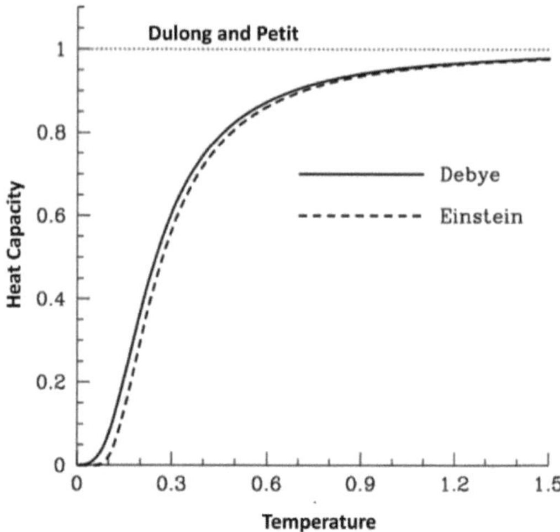

Figura 12: Variação da capacidade calorífica e da temperatura

Einstein (em 1905) aplicou a teoria quântica para explicar a variação do calor específico com a temperatura. Einstein tentou uma explicação teórica qualitativa dos resultados experimentais utilizando as ideias de Planck sobre a quantização da energia. De acordo com a teoria quântica, a energia de um sistema oscilante varia não de uma forma contínua, permitindo todos os valores possíveis, mas apenas em quanta discretos. Ou seja, um múltiplo integral de um quantum elementar de energia $h\nu$.

$E = \square\square\square,\ n = \square,\ \square,\ \square$.........

Segundo Einstein, os átomos de um sólido são todos independentes e cada átomo actua como um oscilador harmónico simples com uma frequência comum ν. Assim, um sólido é caracterizado por uma e a mesma frequência (vibrações monocromáticas). Ou seja, seguindo Planck, Einstein descartou a lei da equipartição da energia. Einstein calculou a energia interna molar total do sólido e obteve a seguinte expressão para a capacidade de calor:

$$C_{v,m} = 3Rf \text{ and this varies from 0 to 3R}$$

$$where\ f = \left(\frac{\theta}{T}\right)^2 \frac{e^{\frac{\theta}{T}}}{\left(e^{\frac{\theta}{T}}-1\right)^2} \text{ e } \theta =$$

$\frac{hv}{K}$ is the characterstic Einstein′s tempetature.

A temperatura de Einstein exprime a frequência de oscilação dos átomos em função da temperatura. Einstein só conseguiu reproduzir as características gerais da curva observada experimentalmente (**Figura 12**). No entanto, no caso de alguns elementos como o Cu, AL, Fe, ... o calor atómico a baixa temperatura diminui mais lentamente do que o previsto pela teoria de Einstein.

Debye (1912) aperfeiçoou o modelo de Einstein e sugeriu que seria mais apropriado considerar um espetro de frequências de vibração, particularmente a baixas temperaturas. Neste caso, nem todos os átomos estão a oscilar com a mesma frequência, uma vez que a vibração tem lugar no campo de outros átomos. Como resultado das interacções, os átomos executam vibrações complexas. Deste modo, demonstrou que, a baixas temperaturas, a capacidade calorífica a volume constante varia em função da terceira potência da temperatura. Este facto é conhecido como a lei de Debye T^3 . Os seus resultados estavam em excelente concordância com as experiências em toda a gama de temperaturas.

CAPÍTULO 9

SPIN DO ELECTRÃO E EXPERIÊNCIA DE STERN-GERLACH

A experiência de Stern-Gerlach e o Spin

A experiência de Stern-Gerlach foi um trabalho conjunto de Otto Stern e Walter Gerlach em Frankfurt, Alemanha. Esta experiência engenhosa explica o desvio do comportamento clássico e prevê a compreensão teórica da existência de um momento magnético de spin de um eletrão. Nessa altura, o spin do eletrão era desconhecido. Foi originalmente concebido para demonstrar a quantização do espaço associada à órbita dos electrões nos átomos.

Na experiência, os átomos de prata (Ag) são aquecidos num forno. O forno tem um pequeno orifício/fenda, através do qual alguns dos átomos de prata podem escapar. Os átomos que emergem passam através de um colimador, produzindo um feixe estreito de partículas, que é depois sujeito a um campo magnético não uniforme criado no espaço entre os pólos de um íman de grandes dimensões, um dos quais tem uma extremidade muito afiada. O feixe foi então detectado ao ser depositado numa placa fotográfica **(Figura 13)**.

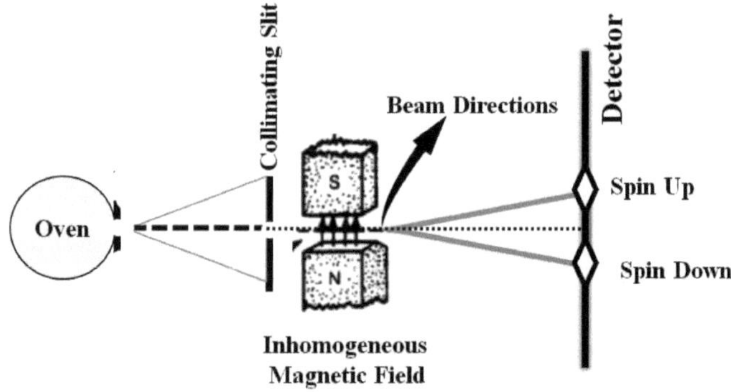

Figura 13: Experiência de Stern-Gerlach

Se os ímanes atómicos se comportassem como ímanes clássicos, uma vez que $\mu_z = \mu cos\theta$ o ângulo θ entre o vetor momento magnético e a direção do campo magnético (direção z) pode ter qualquer valor entre 0 e π. Assim, o momento magnético dos diferentes átomos do feixe pode ter todas as orientações possíveis e, ao passar pelo campo magnético não uniforme, deve ter uma propagação ou distribuição contínua.

Em vez disso, para sua surpresa, Stern e Gerlach encontraram átomos de prata a atingir a placa apenas em duas regiões, simetricamente situadas em torno do ponto de não deflexão. O próprio facto de o feixe de prata se ter dividido em apenas duas componentes ao passar pelo campo magnético não homogéneo dita que o vetor do momento magnético dos átomos de Ag deve ter apenas duas orientações em relação ao eixo z.

Explicação

Estudaram o efeito do campo magnético nos átomos de prata. No estado fundamental, o átomo de prata tem 47 electrões com a configuração eletrónica $1s^2, 2s^2, 2p^6, 3s^2, 3p^6, 3d^{10}, 4s^2, 4p^6, 4d^{10}, 5s^1$. Destes, 46 electrões emparelham-se para dar momento angular zero e momento magnético zero. Os 47th electrões ocupam a orbital 5s. Se o átomo de prata estiver no estado fundamental, o momento angular total da orbital é zero ($l = 0$). De acordo com a teoria clássica, devemos ver no ecrã uma banda contínua que é simétrica em relação à direção não deflectida ($z = 0$).

De acordo com a teoria ondulatória de Schrodinger, se os átomos tivessem um momento angular orbital, l, seria de esperar que o feixe se dividisse em $(2l + 1)$. Ie um número ímpar de componentes discretos.

Se $l = 0$, então $(2l + 1) = 1$ então devemos ver apenas um ponto.

Se $l = 1$, então $(2l + 1) = 3$ então devemos ver três pontos.

Experimentalmente, o feixe não se comporta nem de acordo com as previsões da teoria clássica nem de acordo com a teoria ondulatória. Em vez disso, divide-se em dois componentes distintos. Se ignorarmos o spin nuclear, o átomo de prata tem um momento angular de spin intrínseco de um único eletrão 5s. Assim, o momento magnético (μ) do átomo de prata consiste apenas no momento angular do spin do eletrão (S) na camada 5s mais externa,

$$\mu \propto S$$

Como a energia de interação do momento magnético com o campo magnético é $-\mu.B$ a componente z da força experimentada pelo átomo é dada por

$$F_z = \frac{\partial}{\partial_z}(\mu.B) \sim \mu_z \frac{\partial B_z}{\partial_z} \dots. (64)$$

Aqui, as componentes do campo magnético de B nas direcções diferentes de z (*plano xy*) são aproximadas de zero.

Com as disposições da **Figura 13**, o átomo $\mu_z > 0$ ($S_z < 0$)experimenta uma força para baixo, enquanto o átomo $\mu_z < 0$ ($S_z > 0$)experimenta uma força para cima. Espera-se então que o feixe se divida de acordo com os valores de μ_z. Por outras palavras, o aparelho de Stern-Gerlach "mede" a componente z de μ ou, de forma equivalente, a componente z de S até um fator de proporcionalidade.

Os átomos no forno estão orientados aleatoriamente; não existe uma direção preferencial para a orientação de μ. Se o eletrão fosse um objeto giratório clássico, esperaríamos que todos os valores de μ_z se realizassem entre $|\mu|$ e $-|\mu|$. Isto levar-nos-ia a esperar um feixe contínuo de feixes a sair do aparelho SG, como mostra **a figura 14 a**. Em vez disso, o que observamos experimentalmente é mais parecido com a situação da **figura 14 b**.

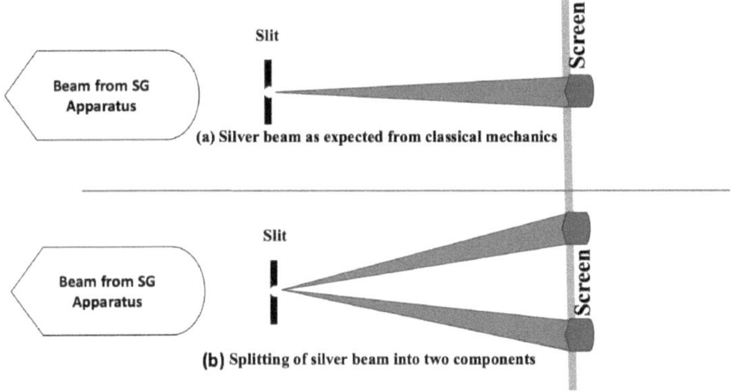

Figura 14: Representação esquemática dos feixes de Ag previstos e reais no aparelho SG

Assim, o aparelho SG divide o feixe de prata original do forno em duas componentes distintas, um fenómeno referido nos primórdios da teoria quântica como "quantização do espaço". Com base nas medições, é possível avaliar as componentes z- S_z do momento angular dos átomos. Os dois valores possíveis de S_z são múltiplos de uma qualquer unidade fundamental de momento angular; numericamente, verifica-se que

$S_z + = \dfrac{\hbar}{2}$ para a distribuição superior

$S_z - = \dfrac{-\hbar}{2}$ para a distribuição inferior

em que $\hbar = h = 1.0546 \times 10^{-27} erg - s = 6.5822 \times 10^{-16} eV - s$

A quantização do momento angular do spin do eletrão é uma caraterística importante que pode ser deduzida da experiência de Stern-Gerlach.

Explicação matemática

Quando a experiência foi realizada pela primeira vez, o conceito de spin do eletrão ainda não tinha sido descoberto. Para começar, ignoremos o spin. Ora, cada átomo é constituído por electrões que têm momentos angulares orbitais e, consequentemente, momentos magnéticos. Se $\vec{\mu}$ é o momento magnético resultante do átomo e $\vec{B}$ é o campo magnético aplicado, então a energia potencial do átomo no campo é

$$U = -\vec{\mu}.\vec{B}$$

Agora $\vec{\mu} = \frac{e}{2m}\vec{L}$

Colocando o valor de $\vec{\mu}$ em U, obtemos

$$U = -\frac{e}{2m}\vec{L}.\vec{B}$$

Desde então, $.\vec{B} = B_z$; o $U = \frac{e}{2m}L_z B_z$

Além disso, podemos escrever, $\vec{F} = -\nabla U = \nabla(\vec{\mu}.\vec{B})$

$$F_z = -\frac{e}{2m}L_z\frac{\partial B_z}{\partial z}$$

Força sobre o dipolo atómico,

$$F_z = -\frac{\partial U}{\partial z} = -\frac{e}{2m}L_z\frac{\partial B_z}{\partial z}$$

Agora $L_z = m_l\hbar$

$$\therefore F_z = -\frac{e}{2m}m_l\hbar\frac{\partial B_z}{\partial z} \ldots .(65)$$

Aqui m_l pode assumir $(2l + 1)$ valores. Assim, quando o campo magnético é ligado, os diferentes átomos deslocam-se para cima ou para baixo em quantidades diferentes até atingirem a placa coletora. O feixe deve dividir-se em $(2l + 1)$ subfeixes. Como $(2l + 1) = odd$ implica que o número de traços será sempre ímpar. Mas, na realidade, divide-se em componentes para átomos como Ag, H_2 , Li, Na, K, Cu e Au.

No caso do Ag, dos 47 electrões, 46 estão emparelhados, o que dá origem a um momento angular $l = 0$. O restante eletrão encontra-se na orbital 5s. A orbital S corresponde a $l = 0$. Por conseguinte, o momento magnético orbital = 0. Se o conceito de spin não existir, o feixe de Ag não se dividirá quando o campo magnético for ativado.

Se o spin for tido em conta, pode assumir apenas duas orientações num campo magnético correspondentes a $m_s = \pm\frac{1}{2}$. Por conseguinte, haveria dois subfeixes, o que foi efetivamente observado. Assim, a experiência de stern Gerlach foi uma confirmação direta da quantização do espaço e do conceito de spin do eletrão.

$$\therefore F_z = \mu_z \frac{\partial B_z}{\partial z} = \mu_{sz} = -g_z \frac{e}{2m} s_z \frac{\partial B_z}{\partial z}$$

$$= -g_z \frac{e}{2m} m_s \hbar \frac{\partial B_z}{\partial z} \ .... (66)$$

Aqui $m_s = \pm\frac{1}{2}$ tem dois valores e, portanto, dois componentes.

A rotação do eletrão.

Um único eletrão não é completamente representado pela sua função de onda $\Psi(r)$ que é caracterizada por três números quânticos, n, l e m. Mesmo num estado sem momento angular orbital, a aplicação de um campo magnético revela que o estado Ψ é de facto um doublet. Para explicar este facto, S. Goudsmidt e G.E. Ehlenbeck sugeriram que um eletrão pode girar em torno do seu próprio eixo, ou seja, um eletrão gira sempre no seu próprio eixo, quer no sentido dos ponteiros do relógio quer no sentido contrário. Consequentemente, pode ter um momento angular intrínseco chamado momento angular de spin (SAM) e um momento magnético. Tal como a massa e a carga de um eletrão, o valor intrínseco do SAM não pode ser aumentado ou diminuído. O momento angular total de um eletrão é constituído pelas contribuições dos seus movimentos orbitais e de spin, o OAM e o SAM. Tal como o movimento orbital dá origem a um momento magnético orbital, o movimento de spin dá origem a um momento magnético de spin.

As primeiras provas do spin dos electrões vieram da experiência de Stern e Gerlach, que utilizaram átomos de prata como projécteis e obtiveram duas bandas. Isto corresponde a um valor L valor de $\frac{1}{2}$. Este resultado é contrário ao facto de o número quântico do momento angular orbital total L deve ser sempre zero ou um número inteiro.

Mais tarde, uma experiência com átomos de prata normais revelou que o TOAM dos electrões nas camadas fechadas é igual a zero e que o único eletrão de valência num nível s não tem OAM, uma vez que $l = 0$. Isto significa que a divisão de um feixe de átomos de prata em dois feixes distintos não resulta do OAM mas apenas do SAM.

Dois resultados são importantes nesta experiência.

1. O facto de se obterem duas bandas indica que o número quântico total da SAM é $\frac{1}{2}$.

2. Um feixe é deflectido como se cada átomo nele contido tivesse uma componente z do momento magnético (μ_z) de $+\beta_e$ e a deflexão do outro feixe indica um momento magnético μ_z de $-\beta_e$.

Os resultados podem ser interpretados da seguinte forma. Suponhamos que as leis da SAM são semelhantes às da OAM. Apenas para diferenciar estas duas, representemos o número quântico da SAM como s (em vez de l) e o número quântico magnético de spin (que determina a componente z-da SAM) como m_s (em vez de m_l). Temos então o seguinte resultado

$$(\mu_z)_{spin} \propto (M_z)_{spin}$$

A relação entre μ_z e M_z é dada por,

$$(\mu_z)_{spin} = g\,\frac{e}{2mc}(M_z)_{spin} \;\ldots.(67)$$

Aqui g é uma constante. A magnitude de μ_z é

$$(\mu_z)_{spin} = g\,\frac{e}{2mc}(M_z)_{spin} \;\ldots.(68)$$

$$= g\Upsilon_e (M_z)_{spin} \ where \ \gamma_e = \frac{e}{2mc} = \frac{\beta_e}{\hbar}$$

$$= g\frac{\beta_e}{\hbar}(M_z)_{spin} \ ; \beta_e = \frac{eh}{4\pi mc}$$

Mas

$$(M_z)_{spin} = m_s \hbar$$

Desde $s = \frac{1}{2}$ por experiência, $m_s = +\frac{1}{2} \ or -\frac{1}{2}$

Assim

$$(M_z)_{spin} = \pm\frac{1}{2}\hbar.$$

Substituindo este valor na equação para $(\mu_z)_{spin}$ obtemos,

$$(\mu_z)_{spin} = g \ \frac{e}{2mc} \ \left(\pm\frac{1}{2}\hbar\right) = \pm\frac{1}{2}g\beta_e \ .... (69)$$

Experimentalmente, $\mu_z = \pm\beta_e$. Isto significa que

$$g = 2$$

A constante g tem um valor de 2. é chamada o fator de Lande g para o spin do eletrão. Dimensões recentes mostraram que $g = 2.002319$.

Da mesma forma, para o momento magnético total devido ao spin, podemos escrever as seguintes equações:

$$\mu_{spin} = g \ \frac{e}{2mc} M_{spin} = g\gamma_e M_{spin} = g\frac{\beta_e}{\hbar} M_{spin}$$

Aqui M_{spin} é o momento angular do spin dado por

$$M_{spin} = \sqrt{\frac{1}{2}\left(\frac{1}{2}+1\right)} \ \frac{h}{2\pi} \ .... (70)$$

Também

$$\mu_{spin} = g \ \frac{e}{2mc} M_{spin} \ .... (71)$$

Estas equações revelam o seguinte

1. Como o eletrão tem carga negativa, o vetor do momento magnético de spin μ e o vetor SAM M apontam em direcções opostas.

2. O momento magnético orbital obtém-se multiplicando o OAM por $e/2mc$. Mas o momento magnético de spin é obtido multiplicando o SAM por $g(e/2mc)$; ou seja e/mc.

3. A razão entre o momento magnético orbital e o OAM é γ_e é chamada de razão giromagnética. É igual a $e/2mc$. Mas a razão entre o momento magnético de spin e o SAM é e/mc. Ou seja, a razão giromagnética para o movimento de spin é o dobro da razão para o movimento orbital.

4. A experiência de Stern-Gerlach é uma medida direta do momento magnético intrínseco do eletrão μ_{spin}. O valor de μ_{spin} pode ser calculado como

$$\mu_{spin} = \sqrt{\frac{1}{2}\left(\frac{1}{2}+1\right)} \; \frac{h}{2\pi} g \, \frac{e}{2mc} \, \dots (72)$$

$$= \sqrt{3} \, \frac{he}{4\pi mc} = \sqrt{3} \, \beta_e = \sqrt{3} \, BM$$

Outras evidências do spin do eletrão são obtidas através da espetroscopia ESR e NMR, da degenerescência dos estados excitados de átomos e moléculas, do efeito Zeeman anómalo e das divisões de estrutura fina dos espectros atómicos.

Dirac demonstrou que, se a equação de onda de Schrodinger for reformulada de modo a satisfazer os requisitos da teoria da relatividade, a sua solução conduz diretamente ao quarto número quântico devido ao spin do eletrão.

Tratamento mecânico quântico do spin dos electrões

Na mecânica quântica, quando estabelecemos os operadores para o momento angular e a energia (Hamiltoniano), escrevemos primeiro a expressão clássica para eles. Em seguida, expressamos essas equações em termos de momentos e coordenadas e, no passo seguinte, substituímos o momento e a coordenada pelos operadores apropriados. Depois de definir os operadores, derivamos as suas regras de comutação, funções de Egien e valores próprios.

Este procedimento não pode ser adotado para definir operadores de spin e derivar as suas regras de comutação, funções próprias de spin e valores próprios de spin. Isto deve-se ao facto de não existir um análogo clássico do spin do eletrão. É, portanto, necessário introduzir o conceito de spin sob a forma de postulados de spin.

Postulado - I

Os operadores para SAM comutam e combinam da mesma forma que os operadores para OAM.

Seja S^2, S_x, S_y, S_z representa os operadores de spin semelhantes a L^2, L_x, L_y, L_z. Então podemos escrever as seguintes equações

$$S^2 = S_x{}^2 + S_y{}^2 + S_z{}^2 \ ....(73)$$

$$S_x S_y - S_y S_x = i\hbar S_z$$

$$S_y S_z - S_z S_y = i\hbar S_x$$

$$S_z S_x - S_x S_z = i\hbar S_y$$

Os operadores dos componentes SAM não comutam entre si. No entanto, eles comutam com S^2. Por conseguinte, podemos escrever,

$$S_x S^2 - S^2 S_x = 0;$$

$$S_y S^2 - S^2 S_y = 0;$$

$$S_z S^2 - S^2 S_z = 0;$$

Concluímos, assim, que é possível especificar com precisão a SAM total e qualquer um dos seus componentes apenas em simultâneo.

Para um sistema com muitos electrões, podemos definir os operadores para a SAM total $S_t{}^2$, S_{xt}, S_{yt} and S_{zt}.

$$S_t{}^2 = S_{xt}{}^2 + S_{yt}{}^2 + S_{zt}{}^2$$

$$S_{xt} = \sum S_{xi} \, ; S_{yt} = \sum S_{yi}; S_{zt} = \sum S_{zi}$$

Também

$$S_t{}^2 \neq \sum S_i{}^2$$

Isto decorre do facto de

$$S_t = \sum S_i = \sum S_{xi} + S_{yi} + S_{zi}$$

$$S_t = S_{xt} + S_{yt} + S_{zt}$$

$$S_{xt} = \sum S_{xi}\,; S_{yt} = \sum S_{yi}; S_{zt} = \sum S_{zi}$$

As suas relações de comutação são

$$S_{xt}S_{yt} - S_{yt}S_{xt} = i\hbar S_{zt}$$

$$S_{yt}S_{zt} - S_{zt}S_{yt} = i\hbar S_{xt}$$

$$S_{zt}S_{xt} - S_{xt}S_{zt} = i\hbar S_{yt}$$

As componentes do operador SAM total comutam com o seu quadrado $(S_t{}^2)$:

$$S_{xt}S_t{}^2 - S_t{}^2 S_{xt} = 0;$$

$$S_{yt}S_t{}^2 - S_t{}^2 S_{yt} = 0;$$

$$S_{zt}S_t{}^2 - S_t{}^2 S_{zt} = 0;$$

Postulado - II

O segundo postulado baseia-se na experiência de Stern-Gerlach, que mostra que a componente z da SAM de um único eletrão na camada de valência do átomo de prata só pode ter dois valores próprios possíveis, nomeadamente $\pm\frac{1}{2}\hbar$. Isto significa que, para um único eletrão, existem apenas duas funções próprias para S_z. Como S_z e S^2 comutam, têm o mesmo conjunto de duas funções próprias (teorema).

O segundo postulado pode ser enunciado da seguinte forma: 'Para um único eletrão, existem apenas duas funções de spin para S_z

Tal como r, θ e φ são as variáveis de posição no espaço de configuração, ω é uma variável de spin no chamado espaço de spin. Como só há dois estados de spin possíveis α e β, as variáveis de spin só podem assumir dois valores diferentes, correspondentes às diferentes orientações do spin. Um eletrão no estado α diz-se que o seu vetor SAM aponta para cima em relação a um eixo de referência, digamos o eixo z-. De acordo com a convenção de sinais para o vetor momento angular, o estado α corresponde a um movimento de rotação no sentido contrário ao dos ponteiros do relógio. A componente z do SAM para esta orientação do vetor SAM de magnitude $\sqrt{\frac{1}{2}\left(\frac{1}{2}+1\right)}\ \hbar$ é $+\frac{1}{2}\hbar$. O estado de rotação α é caracterizado pelo número quântico da SAM s de valor $\frac{1}{2}$ e um número quântico de momento magnético de spin, simplesmente designado por número quântico de spin, $m_s = +\frac{1}{2}$. É representado por $\alpha_{\frac{1}{2},\frac{1}{2}}$.

Um eletrão no estado β diz-se que o seu vetor SAM aponta para baixo em relação ao eixo de referência ou z-eixo de referência. Este estado corresponde a um movimento de rotação do eletrão no sentido dos ponteiros do relógio. A componente z-do SAM para esta orientação do vetor SAM de magnitude $\sqrt{\frac{1}{2}\left(\frac{1}{2}+1\right)}\ \hbar$ é $-\frac{1}{2}\hbar$. Para este estado, $s = \frac{1}{2}$ e $m_s = -\frac{1}{2}$. é representado por $\beta_{\frac{1}{2},-\frac{1}{2}}$.

Estes dois estados de spin são mostrados na **figura 15**.

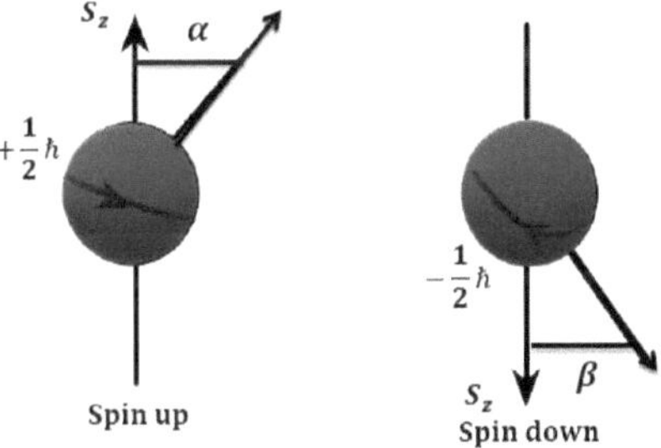

Figura 15: Estados permitidos do spin do eletrão

São degenerados. No entanto, na presença de um campo magnético, a sua degenerescência é eliminada. É por isso que m_s é chamado de número quântico magnético de spin. Normalmente, o estado de spin $m_s = +\frac{1}{2}$ é representado por uma seta para cima ↑ e o estado $m_s = -\frac{1}{2}$ por uma seta para baixo ↓. A sua representação como $\alpha_{\frac{1}{2},\frac{1}{2}}$ e $\beta_{\frac{1}{2},-\frac{1}{2}}$ é semelhante à representação das funções próprias de L^2 e L_z como a, os valores próprios de α e β são:

$$S^2\alpha_{\frac{1}{2},\frac{1}{2}} = \frac{1}{2}\left(\frac{1}{2}+1\right)\hbar^2\alpha_{\frac{1}{2},\frac{1}{2}} \ \dots (74)$$

$$S^2\beta_{\frac{1}{2},-\frac{1}{2}} = \frac{1}{2}\left(\frac{1}{2}+1\right)\hbar^2\beta_{\frac{1}{2},-\frac{1}{2}} \ \dots (75)$$

$$S_z\alpha_{\frac{1}{2},\frac{1}{2}} = +\frac{1}{2}\hbar\alpha_{\frac{1}{2},\frac{1}{2}} \ \dots (76)$$

$$S_z\beta_{\frac{1}{2},-\frac{1}{2}} = -\frac{1}{2}\hbar\beta_{\frac{1}{2},-\frac{1}{2}} \ \dots (77)$$

Postulado - III

Este postulado baseia-se também na experiência de Stern-Gerlach. Afirma que "o eletrão em rotação actua como um íman, cuja magnitude do momento de dipolo é

$$\mu = \frac{ge}{2mc}\sqrt{\frac{1}{2}\left(\frac{1}{2}+1\right)}\ \frac{h}{2\pi}$$

$$= \sqrt{\frac{1}{2}\left(\frac{1}{2}+1\right)}\ g\frac{he}{4\pi mc}$$

$$= \sqrt{\frac{1}{2}\left(\frac{1}{2}+1\right)}\ g\beta_e \ \dots (78)$$

em que g é o fator de Lande para o spin do eletrão'. Os únicos valores possíveis para a componente z-deste momento de dipolo μ_z são $\pm\beta_e$.

Orbitais de spin

Se não houver interação entre o movimento de spin e o movimento orbital, podemos aplicar as soluções orbitais atómicas à função de spin própria de cada eletrão, nomeadamente α ou β, com os números quânticos de spin $m_s = +\frac{1}{2}$ or $-\frac{1}{2}$, respetivamente. Agora, a função de onda total de cada eletrão é o produto da sua função de onda orbital (função de onda espacial ou orbital) e da sua função de onda de spin. Esta função de onda total de um eletrão é chamada a sua orbital de spin.

A função de onda de ordem zero Ψ_0 de muitos átomos de electrões pode ser representada como o produto dos orbitais de spin dos electrões individuais, havendo $N!$ produtos possíveis de obter por permutação de electrões.

$$\Psi_0 = P[\varphi_a(1).\varphi_b(2)....\varphi_r(N)]....(79)$$

Aqui a, b, ..., r representa um conjunto de quatro números quânticos n, l, m_l e m_s do eletrão correspondente. Cada um dos (1), (2), ..., (N) representa as quatro variáveis de cada eletrão, sendo três delas r, θ and φ, são variáveis espaciais e a quarta, ω, é a variável de spin. As $\varphi's$ são orbitais de spin.

A experiência Young Double-Slit

Os desenvolvimentos e resultados experimentais do final do século XIX e do início do século XX mostraram que tanto as partículas materiais como a radiação electromagnética apresentam uma natureza dupla, ou seja, aspectos particulados e ondulatórios. A dualidade onda-partícula e as suas características essenciais são ilustradas pela experiência da dupla fenda de Young. A física clássica localizava as partículas no espaço-tempo como (x, y, z, t). As partículas são também indivisíveis. Metade de um eletrão, ou uma parte fraccionada de um eletrão, não existe. Por outro lado, as ondas não podem ser localizadas. Têm de ser estendidas no espaço-tempo para dar um significado ao comprimento de onda, λ e frequência, ν. As ondas são sempre divisíveis. A reflexão e a transmissão parciais de uma onda numa interface entre dois meios podem existir. Esta dualidade coloca um verdadeiro dilema: a imagem da partícula parece incompatível com a das ondas, em particular com os efeitos de interferência. No entanto, são precisamente os efeitos de interferência que determinam A e v, os quais, através da relação de Broglie, $P = \frac{h}{\lambda}$ e a relação de Bohr, $E = h\,v$ determinam os atributos dinâmicos da partícula. Para ilustrar a situação paradoxal, considere-se a **experiência** clássica de interferência **da dupla fenda de Young**. Podemos pensar quer em ondas de luz, radiação electromagnética, quer em ondas de matéria, ondas de electrões de Broglie, que atravessam o arranjo de dupla fenda. A montagem experimental é ilustrada esquematicamente na **Figura 16**.

O feixe incidente pode ser tão fraco que, em média, apenas um fotão (ou eletrão) de cada vez atravessa o aparelho e incide na chapa fotográfica. Como apenas um fotão de cada vez atravessa o aparelho, a possibilidade de interferência entre diferentes fotões é eliminada. No entanto, continuará a existir um padrão de interferência na placa fotográfica. É evidente que um fotão que chega à chapa fotográfica deve ter passado pela fenda 1 ou pela fenda 2. Imaginemos que foi pela fenda 1; então, se a fenda 2 estivesse fechada, não teria ocorrido qualquer padrão de interferência. Daí o aparentemente terrível paradoxo de o comportamento do fotão ser influenciado pela presença de uma fenda, através da qual não pode ter passado.

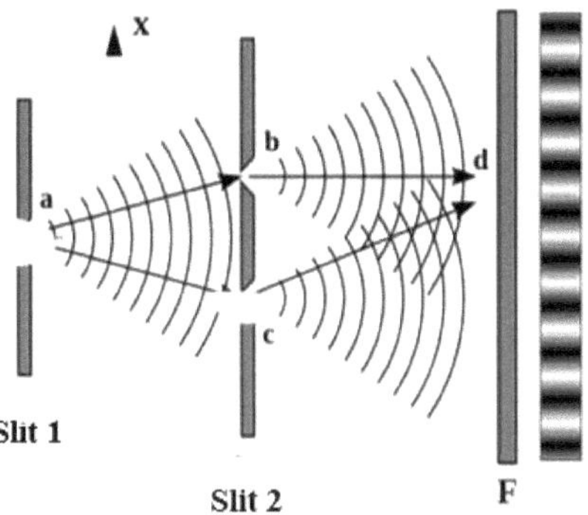

Figura16: A experiência Young Double-Slit

Foram realizadas experiências análogas utilizando electrões em vez de fotões, com os mesmos resultados. Os electrões que passam por um sistema com fendas duplas produzem um padrão de interferência. Se um detetor determinar por que fenda passa cada eletrão, então o padrão de interferência não é observado. Tal como acontece com o fotão, o eletrão apresenta um comportamento ondulatório e particulado e a sua localização num ecrã de deteção é determinada aleatoriamente por uma distribuição de probabilidades. A consideração dos resultados experimentais conduz diretamente a uma interpretação física da função de onda de Schrodinger.

Princípio da Incerteza de Heisenberg

O princípio afirma que não é possível determinar com exatidão a posição e o momento (velocidade) de uma pequena partícula em movimento.

Consideremos um fotão que incide sobre uma partícula. Se a partícula tiver uma dimensão razoável, a sua posição ou velocidade não serão alteradas pelo impacto dos fotões de luz. Assim, será possível saber exatamente a posição e a velocidade da partícula. Mas o mesmo não acontece quando a partícula é extremamente pequena, como um eletrão. Esta sofrerá uma alteração na sua velocidade e trajetória devido ao impacto de um único fotão de luz utilizado para a observar. A trajetória e a velocidade de um eletrão, após o impacto dos fotões, podem ser bastante diferentes da trajetória e da velocidade originais. Para um eletrão que se move na direção x, o princípio da incerteza de Heisenberg é expresso matematicamente da seguinte forma

$$(\Delta x)(\Delta P_x) \geq \frac{h}{4\pi} \,.\,.\,.\,.\,(80)$$

Onde Δx é a incerteza relativa à sua posição e ΔP_x é a incerteza correspondente em relação ao seu momento. Evidentemente, se Δx é muito pequena, ou seja, a posição de uma partícula é conhecida mais ou menos exatamente, ΔP_x será grande, ou seja, a incerteza em relação ao momento é grande. Do mesmo modo, se se tentar medir exatamente o momento da partícula, a incerteza em relação à posição será grande. Werner Heisenberg, o físico alemão, ganhou o Prémio Nobel da Física em 1932. Estava assim criado o cenário para uma nova teoria quântica, que era consistente com o princípio da incerteza.

CAPÍTULO 10
FUNDAMENTOS DA MECÂNICA QUÂNTICA

A mecânica quântica é uma ciência teórica que se ocupa da ciência do movimento das partículas microscópicas, como as partículas atómicas e subatómicas. Este ramo científico é totalmente diferente da mecânica clássica e da mecânica relativa. A mecânica clássica trata do movimento de partículas que não são demasiado pequenas nem demasiado grandes, enquanto a mecânica relativa trata do movimento de corpos demasiado grandes. A mecânica quântica é a descrição matemática correcta do comportamento dos electrões e, por conseguinte, da química. O estudo da mecânica quântica é importante porque as propriedades físico-químicas dos átomos e das moléculas, as suas estruturas, propriedades espectrais e reacções podem ser interpretadas em termos do movimento de micropartículas.

O termo **"Mecânica Quântica"** foi cunhado pela primeira vez por Max Born em 1924 e é composto por duas palavras: **QUANTUM + MECÂNICA**. O termo **Mecânica** refere-se à ciência do movimento das partículas. A palavra latina **Quantum** entrou em uso em 1900 pelo físico Max Planck e é representada por uma equação matemática que representa a unidade discreta mais pequena possível de qualquer propriedade física chamada quanta (plural de Quantum).

As leis da mecânica explicam as propriedades dinâmicas (posição, momento, energia, etc.) das partículas. A mecânica clássica não impõe qualquer restrição a estas propriedades. Ou seja, qualquer valor, grande ou pequeno, é admissível. No entanto, as medições experimentais de sistemas atómicos e moleculares mostram que cada propriedade dinâmica tem um conjunto de valores bem definido. Um eletrão em movimento à volta do núcleo tem um conjunto discreto de valores de energia. Esta discretização foi designada por "quantização", que não pode ser explicada com base nos princípios da mecânica clássica. Para explicar o fenómeno da quantização das partículas microscópicas, os cientistas postularam uma nova mecânica, designada **por mecânica quântica**.

O papel da mecânica quântica na química

O estudo da mecânica quântica é importante porque as propriedades físico-químicas dos átomos e das moléculas, as suas estruturas, propriedades espectrais e reacções podem ser interpretadas em termos do movimento de partículas microscópicas. A mecânica quântica tem aplicação em todos os domínios da ciência, nomeadamente a química, a biologia, a física e outros domínios integrados. A química quântica aplica os fundamentos da mecânica quântica aos problemas da química. A química quântica explica teoricamente a estrutura (**S**), a ligação (**B**) e a reatividade (**R**) das entidades químicas. A influência da química quântica é evidente em todos os ramos da química. Alguns domínios importantes da química em que a mecânica quântica é utilizada são os seguintes

1. **A físico-química** aplica os resultados da mecânica quântica para calcular as propriedades termodinâmicas, as propriedades moleculares, etc. da matéria a granel através da mecânica estatística.

A mecânica quântica fornece as propriedades/observáveis de uma única partícula/entidade. A mecânica estatística fornece as propriedades da matéria a granel. Para estudar as propriedades globais de uma mole de hidrogénio gasoso (constituído por um grande número de moléculas de hidrogénio), os resultados da mecânica quântica são tomados como dados de entrada na mecânica estatística, em que uma espécie de média estatística sobre todo o sistema fornece as propriedades globais. Isto é possível porque a regra básica que rege o movimento de cada molécula no gás é a mesma e segue os princípios da mecânica quântica. Por conseguinte, utilizamos a mecânica quântica como um contributo para a mecânica estatística, a fim de estudar a média estatística do sistema global.

2. **A química orgânica** utiliza a mecânica quântica para estimar as estabilidades relativas das moléculas, para calcular as propriedades dos intermediários de reação, para investigar os mecanismos das reacções químicas e para analisar os espectros de RMN.

3. **A química analítica** utiliza largamente os métodos espectroscópicos que decorrem dos fundamentos da química quântica. Todos os espectros são compreendidos e interpretados
através de uma compreensão profunda dos princípios básicos da mecânica quântica.

4. **A química inorgânica** utiliza a teoria do campo ligante, que é um método mecânico quântico aproximado utilizado para prever e explicar as propriedades dos iões de complexos de metais de transição. Toda a estrutura atómica provém da mecânica quântica - orbitais, forma dos orbitais, ligações, etc.

5. **Bioquímica**, onde foram efectuados com êxito estudos de mecânica quântica sobre moléculas biológicas, ligação de enzimas a substratos, etc. Em suma, pode dizer-se que a Mecânica Quântica explica **a SBR** da Química tendo em conta o papel e o comportamento dos electrões. Este campo gira em torno do estudo e da interpretação do comportamento dos electrões. Todos os problemas químicos são resolvidos pela mecânica quântica com um exame rigoroso dos electrões e do seu comportamento no respetivo meio. De facto, a mecânica quântica tem tido grande sucesso em fornecer um quadro teórico geral para a química.

6. **A química computacional** utiliza computadores para estudar e resolver os problemas químicos. Quando a teoria dos problemas químicos está bem estabelecida com a ajuda da química teórica, pode ser automatizada em programas informáticos para calcular as estruturas e propriedades das

moléculas, grupos de moléculas e sólidos. Embora os resultados computacionais complementem normalmente a informação obtida por experiências químicas, podem ocasionalmente prever fenómenos químicos não observados.

A equação de Schrödinger

Erwin Schrödinger e Werner Heisenberg desenvolveram independentemente as formulações da teoria quântica. Mais tarde, foi demonstrado que os dois métodos são matematicamente equivalentes. O método de Schrödinger envolve equações diferenciais parciais, enquanto o método de Heisenberg emprega matrizes. A equação de Schrödinger parece ter uma melhor interpretação física através da equação de onda clássica. De facto, a equação de Schrödinger pode ser vista como uma forma da equação de onda aplicada a ondas de matéria. A equação de Schrodinger é $\hat{H}\psi = E\psi$ onde $\hat{H}$ é o operador Hamiltoniano, ψ uma função de onda, e E a energia.

Na linguagem da matemática, uma equação desta forma é designada por equação de eigen.

ψ é então designado por função própria e E por valor próprio. O operador, $\hat{H}$ e a função própria, ψ podem ser uma matriz e um vetor, respetivamente, mas nem sempre é esse o caso. A função de onda ψ é uma função da coordenada das posições do eletrão e do núcleo. Como o nome indica, é a descrição de um eletrão como uma onda.

Derivação da equação de Schrodinger

O carácter ondulatório dos electrões é estabelecido pelos princípios de De-Broglie e Heisenberg e por experiências de difração de electrões. Se os electrões têm propriedades ondulatórias, então tem de haver uma equação de onda e uma função de onda para descrever as ondas electrónicas. As ondas electrónicas podem ser comparadas com as ondas de luz, som e corda. Por conveniência, consideremos o movimento de uma corda fixa em duas extremidades, $x = 0$ e $x = a$. É possível executar certos tipos de vibrações em todos os pontos da corda de modo a que o seu deslocamento varie com o tempo da mesma forma e tenha a sua velocidade máxima ao mesmo tempo. Se o deslocamento ocorrer na direção y matematicamente estes movimentos podem ser descritos por funções de

$$y(x,t) = f(x).\theta(t) \dots\dots (81)$$

em que $f(x)$ depende apenas da posição $\theta(t)$ depende apenas do tempo. A forma geral de uma equação de onda é

$$\frac{d^2 y}{dx^2} = \frac{1}{c^2}\frac{d^2 y}{dt^2} \quad \dots\dots (82)$$

em que $'c'$ é a velocidade da luz.

Substituindo o valor de $'y'$ na equação (2) obtemos

$$\frac{d^2(f(x).\theta(t))}{dx^2} = \frac{1}{c^2}\frac{d^2(f(x).\theta(t))}{dt^2}$$

$$\theta(t)\frac{d^2 f(x)}{dx^2} = \frac{f(x)}{c^2}\frac{d^2\theta(t)}{dt^2} \quad \dots\dots (83)$$

Dividindo a equação 3 por $f(x).\theta(t)$

$$\frac{1}{f(x)}\frac{d^2 f(x)}{dx^2} = \frac{1}{c^2\theta(t)}\frac{d^2\theta(t)}{dt^2}$$

$$\frac{c^2}{f(x)}\frac{d^2 f(x)}{dx^2} = \frac{1}{\theta(t)}\frac{d^2\theta(t)}{dt^2} \quad \dots\dots (84)$$

Esta equação 84 revela que o LHS depende apenas de $'x'$ e o RHS depende apenas do tempo. Assim sendo $LHS = RHS = -\omega^2$

$$\frac{c^2}{f(x)}\frac{d^2 f(x)}{dx^2} = \frac{1}{\theta(t)}\frac{d^2\theta(t)}{dt^2} = -\omega^2 \dots\dots (85)$$

em que $-\omega^2$ é uma constante.

Se as variáveis forem separadas, podem ser igualadas à constante $-\omega^2$ o que dá duas equações diferenciais ordinárias 86 e 87.

$$\frac{c^2}{f(x)}\frac{d^2 f(x)}{dx^2} = -\omega^2$$

$$or \quad \frac{d^2 f(x)}{dx^2} + \frac{\omega^2}{c^2} f(x) = 0 .. \ (86)$$

$$and \quad \frac{1}{\theta(t)}\frac{d^2 \theta(t)}{dt^2} = -\omega^2$$

$$\frac{d^2 \theta(t)}{dt^2} + \omega^2 \theta(t) = 0 \ ...... (87)$$

A equação 87 é uma equação diferencial de segunda ordem em termos de $\theta(t)$e tem solução,

$$\theta(t) = C \sin \omega t + D \cos \omega t$$

em que as constantes C e D são determinadas a partir das condições de fronteira e ωé a chamada frequência circular (velocidade angular), que está relacionada com a frequência normal $'v'$ como $\omega = 2\pi v$.

Uma vez que $\omega = 2\pi v$a equação 86 pode ser escrita como

$$\frac{d^2 f(x)}{dx^2} + \frac{4\pi^2 v^2}{c^2} f(x) = 0 .. \ (88)$$

Nós sabemos, $v = \frac{c}{\lambda}$

$$v^2 = \left(\frac{c}{\lambda}\right)^2$$

Substituir o valor de v^2 na equação 6, obtém-se

$$\frac{d^2 f(x)}{dx^2} + \left(\frac{2\pi}{\lambda}\right)^2 f(x) = 0 .. \ (89)$$

A equação 89 é também uma equação diferencial de segunda ordem em termos de$f(x)$e tem solução,

$$f(x) = C \sin \frac{2\pi}{\lambda} x + D \cos \frac{2\pi}{\lambda} x \ ... (90)$$

em que C e D são constantes.

Consideremos a equação 90 e imponhamos condições de fronteira (para encontrar o valor das constantes arbitrárias C e D).

$$(i) \ at \ x = 0, \ f(x) = 0$$

and

$$(ii) \ at \ x = a, \ f(x) = 0$$

Onde 'a' é o comprimento da cadeia.

Da condição de fronteira, (ii); a equação 9 torna-se

$$D \cos 0 = 0 \ (\ Cos \ 0 = 1)$$

$$\therefore D = 0$$

Por conseguinte, a equação 9 pode ser escrita como

$$f(x) = C \sin \frac{2\pi}{\lambda} x$$

$$or \ f(x) = \ \psi(x) = C \sin \frac{2\pi}{\lambda} x \ldots\ldots (91)$$

Onde $\psi(x)$ é chamada a função de onda, a amplitude da onda varia sinusoidalmente ao longo de 'x' e C é a amplitude máxima.

A dupla diferenciação da equação 91 em relação a "x" dá

$$\frac{d\psi(x)}{dx} = C.\cos \frac{2\pi}{\lambda} x . \frac{2\pi}{\lambda}$$

$$\frac{d^2\psi(x)}{dx^2} = \frac{-4\pi^2}{\lambda^2} C.\sin \frac{2\pi}{\lambda} x = \ \frac{-4\pi^2}{\lambda^2} \psi(x) = 0$$

$$\frac{d^2\psi(x)}{dx^2} = \frac{-4\pi^2}{\lambda^2} \psi(x) \ldots (11)$$

Sabemos que a expressão da energia cinética em termos de momento é $\frac{P^2}{2m}$

$$ie \ KE = \ \frac{1}{2} \ mv^2 = \ \frac{m^2v^2}{2m} = \frac{P^2}{2m} (\text{since P} = \text{mv})$$

De acordo com a relação de Broglie,

$$\lambda = \ \frac{h}{P} \ or \ P = \ \frac{h}{\lambda}$$

$$\therefore \ KE = \ \frac{h^2}{2m\lambda^2}$$

A partir da equação 92, o valor de λ^2 pode ser escrito como

$$\lambda^2 = \cfrac{-4\pi^2}{\cfrac{d^2\psi(x)}{dx^2}}\,\psi(x)$$

$$\therefore KE = \frac{h^2}{2m} \times \cfrac{\cfrac{d^2\psi(x)}{dx^2}}{-4\pi^2\psi(x)} = \cfrac{-h^2\cfrac{d^2\psi(x)}{dx^2}}{8\pi^2 m\,\psi(x)}$$

Portanto, a energia total; $E = KE + (Vx)$ onde 'Vx' é a Energia Potencial.

$$\therefore E - Vx = \cfrac{-h^2\cfrac{d^2\psi(x)}{dx^2}}{8\pi^2 m\,\psi(x)}$$

$$(E - Vx)\,\frac{8\pi^2 m}{h^2}\psi(x) = -\frac{d^2\psi(x)}{dx^2}$$

$$\frac{d^2\psi(x)}{dx^2} + \frac{8\pi^2 m}{h^2}\,(E - Vx)\psi(x) = 0 \ \dots. (93)$$

Esta é a equação de Schrodinger para uma partícula numa dimensão.

Em três dimensões

$$\left(\frac{d^2\psi(x)}{dx^2} + \frac{d^2\psi(y)}{dy^2} + \frac{d^2\psi(z)}{dz^2}\right) + \frac{8\pi^2 m}{h^2}\,(E - Vxyz)\psi(xyz)$$

$$= 0 \ \dots. (94)$$

CAPÍTULO 11
POSTULADOS BÁSICOS DA MECÂNICA QUÂNTICA

Como em qualquer outro ramo científico, todos os princípios da mecânica quântica se baseiam em alguns postulados básicos fundamentais. Todos os avanços actuais da mecânica quântica são aplicações de um ou mais destes postulados básicos. Assim, vamos começar por conhecer a natureza e o significado destes postulados e depois aplicá-los a problemas científicos reais. Estes postulados não foram deduzidos de nenhuma teoria anterior e devem ser declarados como postulados para serem aceites, porque as conclusões deles retiradas estão de acordo com a experiência, sem exceção. Desempenham para a mecânica quântica o papel que as leis de Newton desempenham para a mecânica clássica. Existem cinco postulados básicos na mecânica quântica.

Postulado 1 (Postulado da Função do Estado)

"O estado de um sistema é especificado da forma mais completa possível pela função de estado ou função de onda, que depende das coordenadas das partículas e do tempo".

De acordo com este postulado, para especificar completamente o estado de um sistema, precisamos apenas da função de onda. Todos os sistemas à nossa volta pertencem a um domínio descontínuo e podem ser descritos matematicamente. O termo função de onda representa o estado quântico como uma função matemática num espaço abstrato chamado espaço de configuração. Para uma única partícula, o espaço de configuração é equivalente a um espaço físico real e tridimensional. Uma onda física que se move num espaço tridimensional é uma função de três coordenadas espaciais e do tempo, uma vez que a função de estado varia com o tempo. Assim, o estado físico de um sistema no tempo t é descrito pela função de onda $\Psi_{(x,y,z,t)}$. No entanto, para um sistema de 'n' partículas, a função Ψ é uma função de '3n' coordenadas espaciais abstractas e do tempo.

Por exemplo, se considerarmos um átomo de "He" à temperatura ambiente, precisamos de três coordenadas para especificar a sua posição. Se houver dois átomos de 'He', precisamos de 7 variáveis (coordenadas e tempo) para especificar o sistema. $\Psi_{(x1,y1,z1,x2,y2,z2,\,t)}$

Significado da função de onda, Ψ ou interpretação de Born da função de onda ($\square$)

Max Born deu uma interpretação estatística correcta da função de onda, que é consistente com o Princípio da Incerteza de Heisenberg. Foi-lhe atribuído o Prémio Nobel da Física de 1954 "pela sua investigação fundamental em mecânica quântica, especialmente pela interpretação estatística das funções de onda". Segundo Born, a função de onda não tem qualquer significado físico próprio. É apenas uma função matemática das coordenadas do sistema. Há uma razão simples pela qual ψ não pode ser interpretada em termos de uma experiência. A probabilidade de algo estar num determinado lugar num determinado momento deve situar-se entre 0 e 1, ou seja, o objeto não está definitivamente lá e o objeto está definitivamente lá, respetivamente.

Para explicar a informação sobre a localização de uma partícula, Max Born interpretou a função de onda em termos da localização da partícula. Fez uma analogia com a teoria ondulatória da luz, ou seja, o quadrado da amplitude de uma onda electromagnética numa região dá a sua intensidade. Da mesma forma, Max Born interpretou o quadrado da função de onda como a probabilidade de encontrar um fotão (partícula) presente numa região. Ele chamou Ψ de **amplitude de probabilidade** e Ψ^2 ou $\Psi.\Psi^*$ a **densidade de probabilidade** do sistema (que tem significado). Ψ^2 A amplitude de um sistema é a medida da densidade de probabilidade nesse ponto.

$$Probability\ density = \frac{Probability}{Volume}$$

Se a função de onda de uma partícula tem o valor de Ψ num determinado ponto x então a probabilidade de encontrar a partícula entre (x) e $(x + dx)$ é dada como o produto de $\left|\Psi_{(x)}\right|^2 dx$ (**Figura 17**).

$$\Psi^2(x,\ x + dx) = \left|\Psi_{(x)}\right|^2 dx \ \ldots\ (95)$$

Em que dx é o elemento de volume, $\Psi^2(x)$ é a densidade de probabilidade em x e $\Psi^2(x,\ x + dx)$ é a probabilidade no elemento de volume dx situado entre (x) e $(x + dx)$.

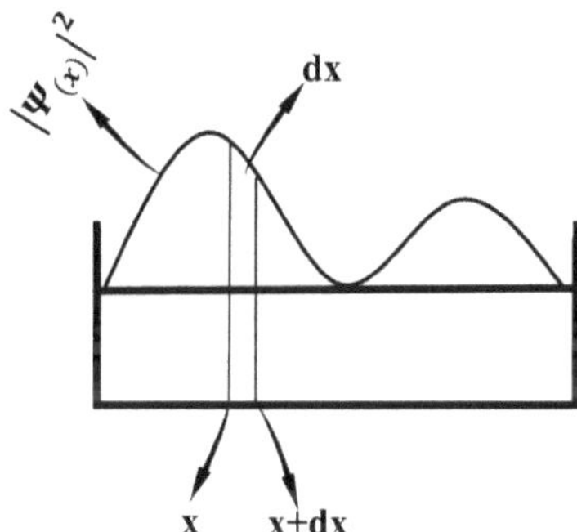

Figura 17: Probabilidade de encontrar uma partícula na região dx

Se a função de onda da partícula tiver o valor Ψ num ponto qualquer r, então a probabilidade de encontrar a partícula num elemento de volume infinitesimal, $d\tau = d_x d_y d_z$, nesse ponto, é o produto $de\ d\tau$ e o valor de $|\Psi|^2$ nesse local (**Figura 18**).

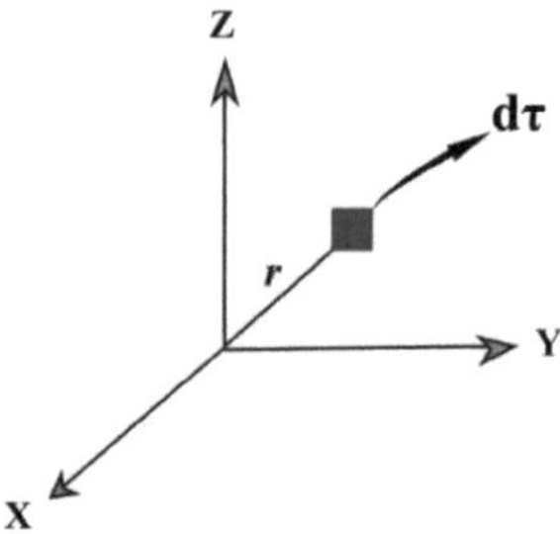

Figura 18: Probabilidade de encontrar uma partícula na *região* $d\tau$

A densidade de probabilidade total (ou seja, a probabilidade tridimensional) de encontrar uma partícula é obtida por integração $|\Psi|^2 d\tau$ dentro dos limites e o valor é igual a um.

$$\Psi^2(0,\infty) = \int_0^\infty |\Psi|^2 d\tau = 1 \ldots\ldots (96)$$

Função de onda aceitável ou funções de onda bem comportadas

A interpretação dada a Ψ and Ψ^2 impõe algumas restrições aos valores aceitáveis de Ψ. Para que uma função de onda seja aceitável, ela deve ser bem comportada. Uma função de onda bem comportada deve satisfazer as seguintes condições.

1. A função de estado, Ψ, deve ser de valor único.

Num dado momento, terá apenas um valor. Se a função de onda for multivalorada, terá mais do que um valor em qualquer ponto. Para os mesmos valores de densidade de probabilidade, obtemos valores diferentes de probabilidade. Ou seja, as funções multivaloradas não são aceitáveis.

Por exemplo, a função $sin^{-1}x$. A função $sin^{-1}x = 0$, *when* $x = 0$, π, 2π, ….. Trata-se de uma função multivalorada e não é aceitável.

Mas e^{-x^2} tem um único valor, ou seja e^{-x^2} não deve ter mais do que um valor num dado momento.

2. A função de onda, Ψ, deve ser normalizável.

A probabilidade de encontrar uma partícula entre x and $x + dx$ é representada por $\Psi^2 dx$ e $\Psi\Psi^* dx$. Então a integração sobre todo o intervalo de localizações possíveis (probabilidade total) tem de ser unitária, ou seja, a partícula tem de estar algures nesse intervalo. A expressão da probabilidade depende do problema.

Suponha $\int_{-\infty}^{+\infty} \left|\Psi_{(x,t)}\right|^2 dx = 1$, então é certo que o sistema está entre $-\infty$ e $+\infty$.

Se $\int \left|\Psi_{(x,y,z,t)}\right|^2 d\tau = 1$ a função é dita normalizada e é uma função de onda aceitável. Certas funções podem ser normalizadas multiplicando-as por uma constante chamada constante de normalização.

Suponha que $\int_{-\infty}^{+\infty} \Psi\Psi^* d\tau = 10$,. Esta função não está normalizada. Pode ser normalizada multiplicando a função Ψ por $1/\sqrt{10}$ (ie $\Psi \times 1/\sqrt{10}$) e Ψ^* por $1/\sqrt{10}$.

$$\int_{-\infty}^{+\infty} \frac{\Psi}{\sqrt{10}} \frac{\Psi^*}{\sqrt{10}} d\tau = {}^{10}/_{10} = 1$$

Em certos casos, o integral pode ser infinito. Por exemplo, quando a função de onda, $\Psi = e^{x/2}$.

3. A função de onda, Ψ, deve ser contínua.

A função de onda deve ser contínua, uma vez que a probabilidade de encontrar um sistema não pode mudar abruptamente. Deve ser contínua em toda a região dos seus argumentos.

4. A função de onda, Ψ, deve ser finita, ou seja, a probabilidade não pode ser infinita.

A função de onda deve ser finita em todo o lado. Se a função de onda é finita, ela é quadradamente integrável. Se não for finita, não a podemos normalizar.

Chamar-lhes-emos condições padrão. Se uma função não satisfizer sequer uma destas condições, não pode ser uma função de onda da mecânica quântica aceitável.

Postulado 2

Postulado do operador

Qualquer quantidade fisicamente mensurável, como a posição (x), o momento (P), a KE (T), a PE (V), a energia total (E), etc., é designada por observável. A cada observável em mecânica clássica corresponde um operador hermitiano linear em mecânica quântica. Este postulado dá uma receita para obter os operadores correspondentes a um determinado observável. As regras seguintes podem ser utilizadas para encontrar o operador mecânico quântico correspondente a uma expressão da mecânica clássica.

1. Primeiro, escreva a expressão mecânica clássica para o observável em termos das coordenadas cartesianas e das componentes do momento linear correspondentes.

2. De seguida, substituir cada coordenada 'x' pelo operador $\hat{x}$ e cada componente do momento pelo operador $-i\hbar \frac{\hat{\partial}}{\partial x}$ ($\hbar = \frac{h}{2\pi}$).

3. Substituir P_x, P_y, P_z, etc by $-i\hbar \frac{\hat{\partial}}{\partial x}, -i\hbar \frac{\hat{\partial}}{\partial y}, -i\hbar \frac{\hat{\partial}}{\partial z} etc.$. Se x, y e z ocorrerem, deixe-os inalterados.

Numa dimensão		
Observável	Símbolo clássico	Operador de mecânica quântica
Posição	x y z	$\hat{x}$ = Multiply by x $\hat{y}$ = Multiply by y $\hat{z}$ = Multiply by z
Momento	$P_{(x)}$ $P_{(y)}$ $P_{(z)}$	$\hat{P}_x$ = Substituir por $-i\hbar \frac{\hat{\partial}}{\partial x}$ $\hat{P}_y$ = Substituir por $-i\hbar \frac{\hat{\partial}}{\partial y}$ $\hat{P}_z$ = Substituir por $-i\hbar \frac{\hat{\partial}}{\partial z}$

Energia cinética	$T_x = \dfrac{P^2_{(x)}}{2m}$ $T_y = \dfrac{P^2_{(y)}}{2m}$ $T_z = \dfrac{P^2_{(z)}}{2m}$	$\hat{T}_x = -\dfrac{\hbar^2}{2m}\dfrac{\hat{\partial}^2}{\partial x^2}$ $\hat{T}_y = -\dfrac{\hbar^2}{2m}\dfrac{\hat{\partial}^2}{\partial y^2}$ $\hat{T}_z = -\dfrac{\hbar^2}{2m}\dfrac{\hat{\partial}^2}{\partial z^2}$
Energia potencial	V_x V_y V_z	$\hat{V}_{(x)} =$ Multiply by V_x $\hat{V}_{(y)} =$ Multiply by V_y $\hat{V}_{(z)} =$ Multiply by V_z
Energia total	$E_{(x)} = V_x + T_x$ $E_{(y)} = V_y + T_y$ $E_{(z)} = V_z + T_z$	$\hat{H}_{(x)} = \hat{V}_{(x)} + \hat{T}_x = \; = -\dfrac{\hbar^2}{2m}\dfrac{\hat{\partial}^2}{\partial x^2} + \hat{V}_{(x)}$ $\hat{H}_{(y)} = \hat{V}_{(y)} + \hat{T}_y = -\dfrac{\hbar^2}{2m}\dfrac{\hat{\partial}^2}{\partial y^2} + \hat{V}_{(y)}$ $\hat{H}_{(z)} = \hat{V}_{(z)} + \hat{T}_z = -\dfrac{\hbar^2}{2m}\dfrac{\hat{\partial}^2}{\partial z^2} + \hat{V}_{(z)}$

Em três dimensões

Observável	Símbolo clássico	Operador de mecânica quântica
Vetor de posição	$\vec{r}$	$\vec{r} =$ Multiply by $\vec{r}$
Vetor de momento	$\vec{P}$	$\vec{P} = -i\hbar\left(\vec{i}\,\dfrac{\hat{\partial}}{\partial x} + \vec{j}\,\dfrac{\hat{\partial}}{\partial y} + \vec{k}\,\dfrac{\hat{\partial}}{\partial z}\right)$
Energia cinética	T	$\hat{T} = -\dfrac{\hbar^2}{2m}\nabla$
Energia potencial	$V_{x,y,z}$	$\hat{V}_{x,y,z}$
Energia total	$E = T + V$	$\hat{E} = -\dfrac{\hbar^2}{2m}\nabla + \hat{V}_{x,y,z}$
Momento angular	L_X L_y L_z	$\hat{L}_x = \left(\hat{y}\hat{P}_z - \hat{z}\hat{P}_y\right)$ $= -i\hbar\left(\hat{y}\dfrac{\hat{\partial}}{\partial z} - \hat{z}\dfrac{\hat{\partial}}{\partial y}\right)$ $\hat{L}_y = \left(\hat{z}\hat{P}_x - \hat{x}\hat{P}_z\right)$ $= -i\hbar\left(\hat{z}\dfrac{\hat{\partial}}{\partial x} - \hat{x}\dfrac{\hat{\partial}}{\partial z}\right)$

		$\hat{L}_z = \left(\hat{x}\hat{P}_y - \hat{y}\hat{P}_x\right)$ $= -i\hbar\left(\hat{x}\dfrac{\hat{\partial}}{\partial y} - \hat{y}\dfrac{\hat{\partial}}{\partial x}\right)$

Tabela 1: Observáveis na mecânica clássica e os correspondentes operadores da mecânica quântica.

Derivação de operadores

1. Operador de energia cinética de uma partícula que se move na direção "x

A expressão mecânica clássica para KE, $T_{(x)}$ é

$$T_{(x)} = \frac{1}{2}\,mx^2 = \frac{m^2x^2}{2m} = \frac{P^2{}_{(x)}}{2m}\ldots\ldots(97)$$

Substituir $P_{(x)}$ pelo operador correspondente

$$ie\,T_{(x)} = \frac{\left(-i\hbar\widehat{\dfrac{d}{dx}}\right)^2}{2m} = -\frac{\hbar^2}{2m}\frac{\hat{d}^2}{dx^2}\ldots\ldots(98)$$

2. Operador de momento

As energias cinética, potencial e total são derivadas das coordenadas de momento e posição. O operador do momento pode ser derivado utilizando uma propriedade mais fundamental da própria onda eletrónica. Para uma onda de electrões, a função de onda, Ψ, é

$$\Psi = A.\,e^{\pm\frac{2\pi ix}{\lambda}}$$

Diferenciando em relação a "x

$$\frac{d\Psi}{dx} = \pm\frac{2\pi i}{\lambda}A.\,e^{\pm\frac{2\pi ix}{\lambda}} = \pm\frac{2\pi i}{\lambda}\Psi$$

$$ie\ \lambda = \pm\frac{2\pi i\Psi}{\dfrac{d\Psi}{dx}}\ \ldots\ldots(99)$$

Segundo De Broglie,

82

$$\lambda = \frac{h}{P_{(x)}} \quad \dots\dots (100)$$

Das equações (1) e (2);

$$\frac{h}{P_{(x)}} = \pm \frac{2\pi i \Psi}{\dfrac{d\Psi}{dx}}$$

$$ie\ Px = \pm \frac{h}{2\pi i}\frac{d}{dx}$$

ieP_x na direção positiva é,

$$P_x = +\frac{h}{2\pi i}\frac{d}{dx} = -i\hbar\frac{\widehat{d}}{dx}$$

P_x na direção negativa é,

$$P_x = -\frac{h}{2\pi i}\frac{d}{dx} = +i\hbar\frac{\widehat{d}}{dx}$$

Operadores

Um operador é uma instrução matemática que, quando aplicada a uma função matemática, dá origem a outra função matemática da mesma natureza. Um operador não tem significado quando é escrito sozinho. Tem significado quando é seguido por uma função. Por exemplo, $\sqrt{}$ não tem significado, mas $\sqrt{4}$. Um operador pode ser escrito sob a forma de uma equação.

$$(Operator)(Function) = (Another\ function) \dots\dots (101)$$

A função sobre a qual a operação é efectuada é designada por operando. Geralmente, os operadores são indicados por um símbolo com um cursor ($\wedge$) sobre ele. Se um operador, $\widehat{A}$, transforma a função Ψ numa outra função φ podemos escrever simbolicamente como $\widehat{A}\ \Psi = \varphi$.

Por exemplo, se $\widehat{2}$ é um operador e $(x^2 + 2x + 1)$ é uma função, então $\widehat{2}(x^2 + 2x + 1)$ significa multiplicado por três.

Portanto, podemos escrever, $\widehat{2}(x^2 + 2x + 1) = 2x^2 + 4x + 4$.

Álgebra de operadores

Embora os operadores não tenham qualquer significado físico quando escritos isoladamente, podem ser adicionados, subtraídos, multiplicados e têm algumas outras propriedades, como se indica a seguir.

(a) A soma e a diferença de dois operadores $\hat{A}$ e $\hat{B}$, dados por $\hat{C} = \hat{A} \mp \hat{B}$ é definida através da relação

$$\hat{C}\Psi = \left(\hat{A} \mp \hat{B}\right)\Psi = \hat{A}\Psi \mp \hat{B}\Psi \dots \dots (102)$$

De acordo com esta definição, operamos a função, Ψ com $\hat{A}$ e $\hat{B}$ uma a uma e depois somamos/subtraímos os resultados. A nova função, assim obtida, é a função que resultaria, se actuássemos sobre Ψ diretamente com $\hat{C}$.

(b) O produto de um operador $\hat{A}$ com um número complexo c, ou seja, o operador $c\hat{A}$ é

definido pela relação

$$(c\hat{A})\,\Psi = c\,(\hat{A}\Psi)\dots\dots(103).$$

(c) O produto de dois operadores $\hat{A}$ e $\hat{B}$ é um operador $\hat{C} = \hat{A}\hat{B}$ que, actuando sobre a função Ψ transforma-se em

$$\hat{C}\Psi = \left(\hat{A}\hat{B}\right)\Psi = \hat{A}\left(\hat{B}\Psi\right)\dots\dots(104)$$

em que o primeiro $\hat{B}$ actua sobre Ψ e depois $\hat{A}$ opera sobre a função resultante.

Por exemplo, se $\hat{A} = x$ e $\hat{B} = \dfrac{\partial}{\partial x}$ então

$$\left(x\frac{\partial}{\partial x}\right)\Psi = x\left(\frac{\partial \Psi}{\partial x}\right) = x\frac{\partial \Psi}{\partial x}$$

(c) Os operadores obedecem à lei associativa da multiplicação, nomeadamente

$$\hat{A}\left(\hat{B}\hat{C}\right) = \left(\hat{A}\hat{B}\right)\hat{C}\dots\dots(105)$$

(d) Os operadores podem ser combinados. Assim, o quadrado $\hat{A}^2$ de um operador $\hat{A}$ é apenas o produto $\hat{A}\hat{A}$.

$$\hat{A}^2\Psi = \hat{A}\hat{A}\Psi = \hat{A}(\hat{A}\Psi) \ldots \ldots (106)$$

(e) Aplicação sucessiva de um operador, $\hat{A}$, n vezes numa função, Ψé escrita como

poder desse operador:

$$\hat{A}\hat{A}\hat{A} \ldots \hat{A}(\hat{A}\Psi) = \hat{A}^n\Psi \ldots \ldots (107)$$

(e) Em geral, o produto de dois operadores quaisquer, $\hat{A}$ e $\hat{B}$não é comutativo. Ou seja,

$$\hat{A}\,\hat{B} \neq \hat{B}\hat{A} \ldots \ldots (108)$$

A diferença, $\hat{A}\,\hat{B} - \hat{B}\hat{A}$ é um operador $\hat{C}$ que é chamado o comutador de $\hat{A}$ e $\hat{B}$ e escreve-se como, $\hat{C} = [\hat{A}\,\hat{B}] = \hat{A}\,\hat{B} - \hat{B}\hat{A}$

Se $[\hat{A}\,\hat{B}] = 0$, os operadores $\hat{A}$ e $\hat{B}$ são ditos comutantes entre si.

(f) O operador $\hat{A}$ é o recíproco de $\hat{B}$ se $\hat{A}\,\hat{B} - \hat{B}\hat{A} = 1$onde 1 pode ser considerado como o operador unitário, ou seja, "multiplicar pela unidade". Podemos escrever $\hat{A} = \hat{B}^{-1}$ e $\hat{B} = \hat{A}^{-1}$.

Um observável, A, é representado por um operador linear e hermitiano que se escreve como $\hat{A}$.

Operadores lineares:

Os operadores que ocorrem na mecânica quântica são lineares. Um operador $\hat{A}$ é linear se satisfizer os dois critérios seguintes

$$\hat{A}(\Psi_1 + \Psi_2 = \hat{A}\Psi_1 + \hat{A}\Psi_2) \ldots \ldots (109)$$

$$\hat{A}(c\Psi_1) = c\hat{A}\Psi_1 \ldots \ldots (110)$$

em que $\Psi_1$and Ψ_2 são duas funções arbitrárias e c é uma constante complexa qualquer.

Exemplos de operadores lineares são $\hat{x}^2, \frac{\hat{d}}{dx}, \frac{\hat{d}^2}{dx^2}, etc.$

Operadores Hermitianos

Um operador linear $\hat{A}$ é hermitiano em relação ao conjunto de funções Ψ_i e Ψ_j das variáveis $q_1, q_2, , \ldots$ se satisfizer a seguinte propriedade

$\int \Psi_j (\hat{A}\Psi_i) d\tau = \int \Psi_i (\hat{A}\Psi_j) d\tau$ quando Ψ_j e Ψ_i são reais... ... (111)

$\int \Psi_j^* \hat{A}\Psi_i d\tau = \int \Psi_i (\hat{A}\Psi_j)^* d\tau$ quando Ψ_j e Ψ_i são complexos... ... (112)

A integração é efectuada ao longo de todo o intervalo de todas as variáveis. O diferencial $d\tau$ tem a forma

$$d\tau = w(q_1, q_2, \ldots) d_{q1} d_{q2} \ldots$$

em que $w(q_1, q_2, \ldots)$ é uma função de ponderação que depende da escolha das coordenadas $q_1, q_2, \ldots$ e Ψ_j^* *and* Ψ_i^* são os conjugados complexos.

Para as coordenadas cartesianas, a função *de ponderação* $w(x, y, z)$ é igual à unidade; para coordenadas esféricas $w(r, \theta, \varphi)$ é igual a $r^2 sin\theta$.

Propriedades do operador hermitiano

Existem duas características importantes do operador hermitiano.

1. **Os valores próprios de um operador hermitiano são reais.**
2. **As funções próprias de um operador hermitiano, correspondentes a valores próprios distintos, são ortogonais.**

Para provar a afirmação de que **os valores próprios de um operador hermitiano são reais**, seja $\hat{A}$ seja um operador hermitiano, Ψ a sua função própria e λ o valor próprio, então consideramos a equação do valor próprio

$\hat{A}\Psi = \lambda\Psi$ e também $(\hat{A}\Psi)^* = \lambda^*\Psi^*$

Para provar este teorema, começamos por multiplicar a primeira equação por Ψ^* e a segunda por Ψ a partir da esquerda e depois integrando todo o espaço.

$$\int \Psi^* \hat{A}\Psi d\tau = \int \Psi^* \lambda\Psi d\tau = \lambda \int \Psi^*\Psi d\tau$$

$$\int \Psi(\hat{A}\Psi)^* d\tau = \int \Psi\lambda^* \Psi^* d\tau = \lambda^* \int \Psi\Psi^* d\tau$$

Uma vez que $\hat{A}$ é hermitiano, os lados esquerdos das equações são iguais.

$$\int \Psi^*\hat{A}\Psi d\tau = \int \Psi(\hat{A}\Psi)^* d\tau$$

Por conseguinte, $\lambda \int \Psi^*\Psi d\tau = \lambda^* \int \Psi\Psi^* d\tau$.

$$or \ (\lambda - \lambda^*) \int \Psi\Psi^* d\tau = 0 \dots\dots(113)$$

Como o integral da equação (113) não é igual a zero, concluímos que $(\lambda - \lambda^*) = 0$ ou $\lambda = \lambda^*$ o que só é verdade se λ for real.

Para mostrar que **as funções próprias de um operador hermitiano, correspondentes a valores próprios distintos, são** ortogonais, consideremos duas funções próprias distintas de um operador hermitiano $\hat{A}$, Ψ_1 e Ψ_2 com valores próprios diferentes λ_1 e λ_2. A condição geral para a ortogonalidade das duas funções, Ψ_1 e Ψ_2, são

$$\int \Psi_1 \Psi_2 d\tau = 0$$

$$\int \Psi_1 \Psi_2^* d\tau = 0$$

$$\int \Psi_1^* \Psi_2 d\tau = 0$$

As equações dos valores próprios são

$$\hat{A}\Psi_1 = \lambda_1\Psi_1 \dots\dots(114)$$

$$\hat{A}\Psi_2 = \lambda_2\Psi_2 \dots\dots(115)$$

Multiplicando a equação (1) por Ψ_2^* a partir da esquerda e integrando,

$$\int \Psi_2^*\hat{A}\Psi_1 d\tau = \int \Psi_2^*\lambda_1\Psi_1 d\tau = \lambda_1 \int \Psi_2^*\Psi_1 d\tau \dots\dots(116)$$

Uma vez que a é hermitiano, $\int \Psi_2^*\hat{A}\Psi_1 d\tau = \int \Psi_1(\hat{A}\Psi_2)^* d\tau$

$$= \int \Psi_1(\lambda_2\Psi_2)^* d\tau$$

$$= \lambda_2^* \int \Psi_1 \Psi_2^* d\tau$$

$$= \lambda_2 \int \Psi_1 \Psi_2^* d\tau$$

Assim, a partir da equação (116),

$$\lambda_1 \int \Psi_2^* \Psi_1 d\tau = \lambda_2 \int \Psi_1 \Psi_2^* d\tau$$

$$ie \ (\lambda_1 - \lambda_2) \int \Psi_1 \Psi_2^* d\tau = 0$$

Uma vez que Ψ_1 e Ψ_2 são ortogonais, a única possibilidade é que $\int \Psi_1 \Psi_2^* d\tau = 0$.

Por conseguinte $(\lambda_1 - \lambda_2) \neq 0$

ou seja $\lambda_1 \neq \lambda_2$

$$\therefore \int \Psi_1 \Psi_2^* d\tau = 0$$

Por conseguinte Ψ_1 e Ψ_2 são ortogonais. Se $\lambda_1 = \lambda_2$, Ψ_1 e Ψ_2 não são ortogonais.

Nota: **Ortonormalidade - Delta de Kronecker**

Consideremos duas funções de onda, Ψ_i e Ψ_j. Estas duas funções de onda devem ser normais, se a seguinte condição for satisfeita.

$\int_{-\infty}^{+\infty} \Psi_i \Psi_j d\tau = 1$ onde $i = j$ ...... (117)

Se as funções de onda forem ortogonais entre si, podemos escrever,

$\int_{-\infty}^{+\infty} \Psi_i \Psi_j d\tau = 0$ onde $i \neq j$ ...... (118)

As condições ortogonais e normais são combinadas para obter uma única condição ortonormal, $\int_{-\infty}^{+\infty} \Psi_i \Psi_j d\tau = \delta_{ij}$, o símbolo δ_{ij} é designado por **Delta de Kronecker.** A propriedade da função de onda ilustrada por esta equação é chamada **ortonormalidade**. A condição de ortonormalidade é decidida pelos valores dos índices i and j.

$\delta_{ij} = 0$ quando $i \neq j$ e $\delta_{ij} = 1$ quando $i = j$

Postulado 3

Postulado do valor próprio

"Toda a medição de uma variável dinâmica (observável) que dá um valor próprio do operador associado"

Em geral, a função φ obtida pela aplicação de um operador $\widehat{A}$ sobre uma função arbitrária ψ pode ser escrita como $\widehat{A}\psi = \varphi$ e é linearmente independente de ψ. Se um sistema está no estado n^{th} estado, representado por uma função de onda, Ψ_n, e uma aplicação (medida) do operador , $\widehat{A}$, correspondente a um observável A, **em** Ψ_n pode ser representada como

$$\widehat{A}\,\Psi_n = a_n \Psi_n, \ldots \ldots (119)$$

em que a_n é um número complexo. Neste caso Ψ_n diz-se que é uma função própria de $\widehat{A}$ e a_n é o valor próprio correspondente. Esta equação é designada por **equação dos valores próprios**. Pode então provar-se que qualquer medida precisa do observável nesse estado é sempre dada pelo valor próprio 'a_n'.

No entanto, para um dado operador $\widehat{A}$ podem existir muitas funções próprias, de modo que $\widehat{A}\,\Psi_i = a_i \Psi_i$ em que Ψ_i são as funções próprias, que podem mesmo ser infinitas, e a_i são os valores próprios correspondentes. Cada função própria de $\widehat{A}$ é única, ou seja, é linearmente independente das outras funções próprias.

Por vezes, duas ou mais funções próprias têm o mesmo valor próprio. Nessa situação, diz-se que o valor próprio é **degenerado**. Quando duas, três, . . ., n funções próprias têm o mesmo valor próprio, o valor próprio é **duplamente, triplamente, . . . n vezes degenerado**. Quando um valor próprio corresponde apenas a uma única função própria, o valor próprio é **não degenerado**.

Este postulado do **valor próprio** liga a teoria aos resultados experimentais da mecânica quântica.

Postulado 4

Postulado da Expectativa de Valor

Se um sistema está no estado n^{th} estado, representado por uma função de onda, Ψ_n e Ψ_n não é uma função própria do operador, $\hat{A}$, correspondente a um observável' A', então uma sequência de medições do observável nesse estado não produzirá os mesmos resultados. Obtém-se uma distribuição de resultados. A seguir, toma-se o valor médio dessas medições

$$<A> = \frac{\int \psi^* \hat{A} \psi d\Gamma}{\int \psi^* \psi d\Gamma} \dots \dots (120)$$

Onde $<A>$ é designado por **valor médio, valor médio ou valor esperado de A**.

ou seja, nestes casos, consideramos que o valor médio é igual ao valor próprio.

Suponhamos que fazemos uma experiência para medir o observável, A, várias vezes e suponhamos que obtemos o valor próprio a_1, n_1 vezes e a_2, n_2 vezes, etc.. Então o valor médio destes resultados

$$<A> = \frac{a_1 n_1 + a_2 n_2 + \dots \dots}{n_1 + n_1 \dots \dots} \dots \dots (121)$$

Este postulado é consistente com o postulado do valor próprio no sentido em que se Ψ_n é uma função própria de $\hat{A}$ os resultados experimentais serão os mesmos que o valor próprio.

Postulado 5

A evolução temporal da função de onda ou função de estado de um sistema mecânico quântico, $\Psi(\vec{r}, t)$ é regida pela seguinte equação:

$$\hat{H}\,\Psi(\vec{r}, t) = i\hbar \frac{\partial \Psi(\vec{r},t)}{\partial t} = -\frac{\hbar^2}{2m} \vec{\nabla}^2 \Psi(\vec{r}, t) + V(\vec{r})\Psi(\vec{r}, t) \dots \dots (122).$$

Aqui, $\vec{\nabla}^2 = \frac{\partial^2}{\partial x^2} + \frac{\partial^2}{\partial y^2} + \frac{\partial^2}{\partial z^2}$, é o Laplaciano ou operador de Laplace e V é o potencial

função de energia. Esta é **a conhecida equação de Schrodinger dependente do tempo**. Assim, a função de onda ou função de estado de um sistema evolui no tempo de acordo com a equação de Schrodinger dependente do tempo.

Na maioria dos sistemas, a Hamiltoniana do operador de energia total, $\hat{H}$ não contém a variável tempo. No entanto, se houver uma variável temporal, usamos o método de separação de variáveis.

$$ie\ \Psi(\vec{r}, t) = \Psi_{(\vec{r})}\ \Psi_{(t)}$$

Substituir este valor na equação (122) e dividir ambos os lados por, $\Psi_{(\vec{r})}\ f_{(t)}$, obtém-se

$$\frac{1}{\Psi_{(\vec{r})}} \hat{H}\ \Psi_{(\vec{r})} = \frac{i\hbar}{\Psi_{(t)}}\ \frac{d\Psi_{(t)}}{dt}\ ...(123)$$

Se $\hat{H}$ não contém explicitamente o tempo, então o lado esquerdo da equação (123) é apenas uma função de '$\vec{r}$' e o lado direito é apenas uma função de 't', pelo que ambos os lados têm de ser iguais a uma constante. Se denotarmos a constante de separação por E, então a equação (123) dá,

$$\hat{H}\ \Psi_{(\vec{r})} = E\ \Psi_{(\vec{r})}\ ..... (124)$$

$$\frac{d\Psi_{(t)}}{dt} = -\frac{i}{\hbar}\ E\Psi_{(t)}\ .... (125)$$

A equação (124) é **designada por equação de Schrodinger independente do tempo**.

A equação (125) pode ser integrada imediatamente para obter

$$\Psi_{(t)} = e^{-iEt/\hbar}$$

Por conseguinte $\Psi(\vec{r}, t)$ pode ser escrito como

$$\Psi(\vec{r}, t) = \Psi_{(\vec{r})} e^{-iEt/\hbar}\ .... (126)$$

Numa dimensão espacial, a equação (122) reduz-se a:

$$\hat{H}\,\Psi(x,t) = i\hbar\,\frac{\partial\Psi(x,t)}{\partial t} = -\frac{\hbar^2}{2m}\frac{\partial^2}{\partial x^2}\Psi(x,t), +V(x)\Psi(x,t)$$

CAPÍTULO 12
MONEMTUM ANGULAR

Operador de Momento Angular

O momento angular $(\vec{L})$ é uma propriedade física importante de um sistema em rotação. Classicamente, é o produto vetorial da posição $(\vec{r})$ e do momento linear $(\vec{P})$. Assim, o momento angular clássico, $\vec{L}$ é dado por

$$ie\ \vec{L} = \vec{r} \times \vec{P} \dots (127)$$

Se $\vec{\imath}$, $\vec{\jmath}$ e $\vec{k}$ são os vectores unitários ao longo das coordenadas x, y e z, respetivamente. Então

$$\vec{r} = \vec{\imath}x + \vec{\jmath}y + \vec{k}z \ \text{ e } \ \vec{P_x} = \vec{\imath}P_x + \vec{\jmath}P_y + \vec{k}P_z$$

O produto vetorial cruzado de $\vec{L}$ $(\vec{r} \times \vec{P})$ pode ser obtido pelo determinante seguinte,

$$\vec{L} = \begin{vmatrix} \vec{\imath} & \vec{\jmath} & \vec{k} \\ x & y & z \\ P_x & P_y & P_z \end{vmatrix}$$

$$\therefore L = \vec{\imath}(yP_z - zP_y) - \vec{\jmath}(xP_z - zP_x) + \vec{k}(xP_y - yP_x) \dots (128)$$

Por definição,

$$\vec{L} = \vec{\imath}L_x + \vec{\jmath}L_y + \vec{k}L_z \ \dots (129)$$

Comparação (128) and (129), we can write

$$L_x = (yP_z - zP_y) \dots (130)$$

$$L_y = -(xP_z - zP_x) \dots (131)$$

$$L_z = (xP_y - yP_x) \dots (132)$$

De acordo com os postulados dos operadores da mecânica quântica, podemos substituir os termos clássicos P_x, P_y and P_z pelos seus operadores mecânicos quânticos correspondentes.

$ie\ in\ general$ P_k na direção positiva é,

$$\hat{P}_x = +\frac{h}{2\pi i}\frac{\hat{\partial}}{\partial k} = -i\hbar\frac{\hat{\partial}}{\partial k} \ (133)$$

where $k = x$ *or* y ou z e $\hbar = \frac{h}{2\pi}$

Por esta substituição, podemos escrever $\hat{L}_x$, $\hat{L}_y$ e $\hat{L}_z$ da seguinte forma

$$\hat{L}_x = \left(\hat{y}\hat{P}_z - \hat{z}\hat{P}_y\right) = -i\hbar\left(\hat{y}\frac{\partial}{\partial z} - \hat{z}\frac{\partial}{\partial y}\right) \ldots (134)$$

$$\hat{L}_y = \left(\hat{z}\hat{P}_x - \hat{x}\hat{P}_z\right) = -i\hbar\left(\hat{z}\frac{\partial}{\partial x} - \hat{x}\frac{\partial}{\partial z}\right) \ldots (135)$$

$$\hat{L}_z = \left(\hat{x}\hat{P}_y - \hat{y}\hat{P}_x\right) = -i\hbar\left(\hat{x}\frac{\partial}{\partial y} - \hat{y}\frac{\partial}{\partial x}\right) \ldots (136)$$

Na mecânica quântica, não podemos medir a posição e o momento de uma partícula com a exatidão desejada. Isto resulta na relação de incerteza posição-momento, que pode ser representada pela relação de comutação.

$$[r_i P_j] = i\hbar\delta_{ij} \ldots\ldots (137).$$

Aqui o comutador é zero, quando $i = j$.

Relações de comutação entre $\hat{L}^2$ e os seus componentes

Demonstrar que $\hat{L}^2$ e $\hat{L}_z$ se comutam.

Temos de demonstrar que $\left[\hat{\boldsymbol{L}}^2, \hat{L}_z\right] = \left[\left(\hat{L}_x{}^2 + \hat{L}_y{}^2 + \hat{L}_z{}^2\right)\left(\hat{L}_z\right)\right] = 0$

$$LHS = \left(\hat{L}_x{}^2 + \hat{L}_y{}^2 + \hat{L}_z{}^2\right)\left(\hat{L}_z\right) - \left(\hat{L}_z\right)\left(\hat{L}_x{}^2 + \hat{L}_y{}^2 + \hat{L}_z{}^2\right)$$

Expandir

$$= \left(\hat{L}_x{}^2\hat{L}_z + \hat{L}_y{}^2\hat{L}_z + \hat{L}_z{}^2\hat{L}_z\right) - \left(\hat{L}_z\hat{L}_x{}^2 + \hat{L}_z\hat{L}_y{}^2 + \hat{L}_z\hat{L}_z{}^2\right)$$

Reorganizar

$$= \left((\hat{L}_x{}^2\hat{L}_z - \hat{L}_z\hat{L}_x{}^2) + (\hat{L}_y{}^2\hat{L}_z - \hat{L}_z\hat{L}_y{}^2) + (\hat{L}_z{}^2\hat{L}_z - \hat{L}_z\hat{L}_z{}^2)\right)$$

$$= \left[\hat{L}_x{}^2 - \hat{L}_z\right] + \left[\hat{L}_y{}^2 - \hat{L}_z\right] + \left[\hat{L}_z{}^2 - \hat{L}_z\right] \ldots\ldots (138)$$

Considerar $\left[\hat{L}_x{}^2 - \hat{L}_z\right] = \hat{L}_x\hat{L}_x\hat{L}_z - \hat{L}_z\hat{L}_x\hat{L}_x$

Adicionar e subtrair $\hat{L}_x\hat{L}_z\hat{L}_x$

$$= \hat{L}_x\hat{L}_x\hat{L}_z - \hat{L}_x\hat{L}_z\hat{L}_x + \hat{L}_x\hat{L}_z\hat{L}_x - \hat{L}_z\hat{L}_x\hat{L}_x$$

$$= \hat{L}_x(\hat{L}_x\hat{L}_z - \hat{L}_z\hat{L}_x) + (\hat{L}_x\hat{L}_z - \hat{L}_z\hat{L}_x)\hat{L}_x$$

$$= \hat{L}_x[\hat{L}_x,\hat{L}_z] + [\hat{L}_x,\hat{L}_z]\hat{L}_x \ldots\ldots(139)$$

Como sabemos

$$[\hat{L}_z,\hat{L}_x] = (\hat{L}_z\hat{L}_x - \hat{L}_x\hat{L}_z) = i\hat{L}_y$$

$$\therefore [\hat{L}_x,\hat{L}_z] = (\hat{L}_x\hat{L}_z - \hat{L}_z\hat{L}_x) = -[\hat{L}_z,\hat{L}_x] = -i\hat{L}_y$$

Por conseguinte, a equação (139) passa a ter a seguinte redação

$$\left[\hat{L}_x{}^2 - \hat{L}_z\right] = \hat{L}_x[\hat{L}_x,\hat{L}_z] + [\hat{L}_x,\hat{L}_z]\hat{L}_x = \hat{L}_x(-i\hat{L}_y) + (-i\hat{L}_y)\hat{L}_x$$

$$= -i(\hat{L}_x\hat{L}_y) + (\hat{L}_y\hat{L}_x) \ldots\ldots(140)$$

Da mesma forma

$$\left[\hat{L}_y{}^2 - \hat{L}_z\right] = \hat{L}_y\hat{L}_y\hat{L}_z - \hat{L}_z\hat{L}_y\hat{L}_y$$

Adicionar e subtrair $\hat{L}_y\hat{L}_z\hat{L}_y$

$$= \hat{L}_y\hat{L}_y\hat{L}_z - \hat{L}_y\hat{L}_z\hat{L}_y + \hat{L}_y\hat{L}_z\hat{L}_y - \hat{L}_z\hat{L}_y\hat{L}_y$$

$$= \hat{L}_y(\hat{L}_y\hat{L}_z - \hat{L}_z\hat{L}_y) + (\hat{L}_y\hat{L}_z - \hat{L}_z\hat{L}_y)\hat{L}_y$$

$$= \hat{L}_y[\hat{L}_y,\hat{L}_z] + [\hat{L}_y,\hat{L}_z]\hat{L}_y \ldots(141)$$

Desde

$$[\hat{L}_y,\hat{L}_z] = (\hat{L}_y\hat{L}_z - \hat{L}_z\hat{L}_y) = i\hat{L}_x$$

Por conseguinte, a equação (4) passa a ser,

$$\left[\hat{L}_y{}^2 - \hat{L}_z\right] = \hat{L}_y[\hat{L}_y,\hat{L}_z] + [\hat{L}_y,\hat{L}_z]\hat{L}_y = \hat{L}_y(i\hat{L}_x) + (i\hat{L}_x)\hat{L}_y$$

$$= i\left(\hat{L}_y\hat{L}_x + \hat{L}_x\hat{L}_y\right) \ldots\ldots(142)$$

Da mesma forma

$$\left[\hat{L}_z{}^2 - \hat{L}_z\right] = \hat{L}_z\hat{L}_z\hat{L}_z - \hat{L}_z\hat{L}_z\hat{L}_z = 0 \ldots\ldots(143)$$

Por conseguinte, a equação (1) passa a ser,

$$[\hat{L}^2,\hat{L}_z] = \left[\hat{L}_x{}^2 - \hat{L}_z\right] + \left[\hat{L}_y{}^2 - \hat{L}_z\right] + \left[\hat{L}_z{}^2 - \hat{L}_z\right]$$

$$= -i(\hat{L}_x\hat{L}_y) + (\hat{L}_y\hat{L}_x) + i\left(\hat{L}_y\hat{L}_x + \hat{L}_x\hat{L}_y\right) + 0$$

$$= -i\hat{L}_x\hat{L}_y - i\hat{L}_y\hat{L}_x + i\hat{L}_y\hat{L}_x + i\hat{L}_x\hat{L}_y = 0$$

De um modo semelhante, podemos mostrar que $[\hat{L}^2, \hat{L}_x] = 0$ e $[\hat{L}^2, \hat{L}_y] = 0$.

Assim, o quadrado do momento angular total $(\hat{L}^2)$ comuta com todas as componentes do momento angular $(\hat{L}_x$ or $\hat{L}_y$ or $\hat{L}_z)$.

Os componentes do momento angular $(\hat{L}_x$ or $\hat{L}_y$ or $\hat{L}_z)$ não comutam entre si.

Mostrar que $[\hat{L}_x, \hat{L}_y] = i\hbar\hat{L}_z$ ou mostre que $\hat{L}_x$ and $\hat{L}_y$ do not commute ou encontre o valor do comutador de $\hat{L}_x$ and $\hat{L}_y$.

Mostrar que $[\hat{L}_y, \hat{L}_z] = i\hbar\hat{L}_x$ mostre que $\hat{L}_y$ and $\hat{L}_z$ do not commute ou encontre o valor do comutador de $\hat{L}_y$ and $\hat{L}_z$.

Mostrar que $[\hat{L}_x, \hat{L}_z] = i\hbar\hat{L}_y$ mostre que $\hat{L}_x$ and $\hat{L}_z$ do not commute ou encontre o valor do comutador de $\hat{L}_x$ and $\hat{L}_z$.

Mostrar que $[\hat{L}_x, \hat{L}_y] = i\hbar\hat{L}_z$

Conhecemos os valores de $\hat{L}_x$, $\hat{L}_y$ e $\hat{L}_z$ são os seguintes

$$\hat{L}_x = (\hat{y}\hat{P}_z - \hat{z}\hat{P}_y) = -i\hbar\left(\hat{y}\frac{\hat{\partial}}{\partial z} - \hat{z}\frac{\hat{\partial}}{\partial y}\right)$$

$$\hat{L}_y = (\hat{z}\hat{P}_x - \hat{x}\hat{P}_z) = -i\hbar\left(\hat{z}\frac{\hat{\partial}}{\partial x} - \hat{x}\frac{\hat{\partial}}{\partial z}\right)$$

$$\hat{L}_z = (\hat{x}\hat{P}_y - \hat{y}\hat{P}_x) = -i\hbar\left(\hat{x}\frac{\hat{\partial}}{\partial y} - \hat{y}\frac{\hat{\partial}}{\partial x}\right)$$

$$\therefore [\hat{L}_x, \hat{L}_y] = (\hat{L}_x\hat{L}_y) - (\hat{L}_y\hat{L}_x) \dots (144)$$

$$(\hat{L}_x\hat{L}_y) = \left[-i\hbar\left(\hat{y}\frac{\hat{\partial}}{\partial z} - \hat{z}\frac{\hat{\partial}}{\partial y}\right)\right]\left[-i\hbar\left(\hat{z}\frac{\hat{\partial}}{\partial x} - \hat{x}\frac{\hat{\partial}}{\partial z}\right)\right]$$

$$= i^2\hbar^2\left(\hat{y}\frac{\hat{\partial}}{\partial z} - \hat{z}\frac{\hat{\partial}}{\partial y}\right)\left(\hat{z}\frac{\hat{\partial}}{\partial x} - \hat{x}\frac{\hat{\partial}}{\partial z}\right)$$

$$= i^2 \hbar^2 \left[\hat{y} \frac{\hat{\partial}}{\partial z}\left(\hat{z} \frac{\hat{\partial}}{\partial x}\right) - \hat{y} \frac{\hat{\partial}}{\partial z}\left(\hat{x} \frac{\hat{\partial}}{\partial z}\right) - \hat{z} \frac{\hat{\partial}}{\partial y}\left(\hat{z} \frac{\hat{\partial}}{\partial x}\right) + \hat{z} \frac{\hat{\partial}}{\partial y}\left(\hat{x} \frac{\hat{\partial}}{\partial z}\right) \right]$$

$$= i^2 \hbar^2 \left[\hat{y} \left[\hat{z} \frac{\hat{\partial}^2}{\partial z \partial x} + \frac{\hat{\partial}}{\partial x} \frac{\hat{\partial} z}{\partial z} \right] - \hat{y}\hat{x} \frac{\hat{\partial}^2}{\partial z^2} - \hat{z}^2 \frac{\hat{\partial}^2}{\partial x \partial y} + \hat{x}\hat{z} \frac{\hat{\partial}^2}{\partial y \partial z} \right]$$

$$= -\hbar^2 \left[\hat{y}\hat{z} \frac{\hat{\partial}^2}{\partial z \partial x} + \hat{y} \frac{\hat{\partial}}{\partial x} - \hat{y}\hat{x} \frac{\hat{\partial}^2}{\partial z^2} - \hat{z}^2 \frac{\hat{\partial}^2}{\partial x \partial y} + \hat{z}\hat{x} \frac{\hat{\partial}^2}{\partial y \partial z} \right]$$

Da mesma forma

$$(\hat{L}_y \, \hat{L}_x) = \left[-i\hbar \left(\hat{z} \frac{\hat{\partial}}{\partial x} - \hat{x} \frac{\hat{\partial}}{\partial z}\right)\right]\left[-i\hbar \left(\hat{y} \frac{\hat{\partial}}{\partial z} - \hat{z} \frac{\hat{\partial}}{\partial y}\right)\right]$$

$$= -\hbar^2 \left[\hat{z} \frac{\hat{\partial}}{\partial x}\left(\hat{y} \frac{\hat{\partial}}{\partial z}\right) - \hat{z} \frac{\hat{\partial}}{\partial x}\left(\hat{z} \frac{\hat{\partial}}{\partial y}\right) - \hat{x} \frac{\hat{\partial}}{\partial z}\left(\hat{y} \frac{\hat{\partial}}{\partial z}\right) + \hat{x} \frac{\hat{\partial}}{\partial z}\left(\hat{z} \frac{\hat{\partial}}{\partial y}\right) \right]$$

$$= -\hbar^2 \left[\hat{z}\hat{y} \frac{\hat{\partial}^2}{\partial x \partial z} - \hat{z}^2 \frac{\hat{\partial}^2}{\partial x \partial y} - \hat{x}\hat{y} \frac{\hat{\partial}^2}{\partial z \partial y} + \hat{x} \left[\hat{z} \frac{\hat{\partial}^2}{\partial z \partial y} + \frac{\hat{\partial}}{\partial y} \frac{\hat{\partial} z}{\partial z} \right] \right.$$

$$\left. + \hat{x}\hat{z} \frac{\hat{\partial}^2}{\partial y \partial z} \right]$$

$$= -\hbar^2 \left[\hat{z}\hat{y} \frac{\hat{\partial}^2}{\partial x \partial z} - \hat{z}^2 \frac{\hat{\partial}^2}{\partial x \partial y} - \hat{x}\hat{y} \frac{\hat{\partial}^2}{\partial z^2} + \hat{x}\hat{z} \frac{\hat{\partial}^2}{\partial z \partial y} + \hat{x} \frac{\hat{\partial}}{\partial y} \right]$$

Por conseguinte, a equação (144) passa a ser

$$[\hat{L}_x \, , \hat{L}_y] = (\hat{L}_x \, \hat{L}_y) - (\hat{L}_y \hat{L}_x)$$

$$= -\hbar^2 \left[\hat{y}\hat{z} \frac{\hat{\partial}^2}{\partial z \partial x} + \hat{y} \frac{\hat{\partial}}{\partial x} - \hat{y}\hat{x} \frac{\hat{\partial}^2}{\partial z^2} - \hat{z}^2 \frac{\hat{\partial}^2}{\partial x \partial y} + \hat{z}\hat{x} \frac{\hat{\partial}^2}{\partial y \partial z} \right]$$

$$+ \hbar^2 \left[\hat{z}\hat{y} \frac{\hat{\partial}^2}{\partial x \partial z} - \hat{z}^2 \frac{\hat{\partial}^2}{\partial x \partial y} - \hat{x}\hat{y} \frac{\hat{\partial}^2}{\partial z \partial y} + \hat{x}\hat{z} \frac{\hat{\partial}^2}{\partial z \partial y} + \hat{x} \frac{\hat{\partial}}{\partial y} \right]$$

$$= \left\{ -\hbar^2 \left[\hat{y}\hat{z} \frac{\hat{\partial}^2}{\partial z \partial x} + \hat{y} \frac{\hat{\partial}}{\partial x} - \hat{y}\hat{x} \frac{\hat{\partial}^2}{\partial z^2} - \hat{z}^2 \frac{\hat{\partial}^2}{\partial x \partial y} + \hat{z}\hat{x} \frac{\hat{\partial}^2}{\partial y \partial z} - \hat{z}\hat{y} \frac{\hat{\partial}^2}{\partial x \partial z} \right. \right.$$

$$\left. \left. + \hat{z}^2 \frac{\hat{\partial}^2}{\partial x \partial y} + \hat{x}\hat{y} \frac{\hat{\partial}^2}{\partial z^2} - \hat{x}\hat{z} \frac{\hat{\partial}^2}{\partial z \partial y} - \hat{x} \frac{\hat{\partial}}{\partial y} \right] \right\}$$

$$= -\hbar^2 \left(\hat{y} \frac{\hat{\partial}}{\partial x} - \hat{x} \frac{\hat{\partial}}{\partial y}\right)$$

$$= \hbar^2 \left(\hat{x} \frac{\hat{\partial}}{\partial y} - \hat{y} \frac{\hat{\partial}}{\partial x} \right)$$

Multiplicar e dividir por $-i$

$$= -i \frac{\hbar^2}{-i} \left(\hat{x} \frac{\hat{\partial}}{\partial y} - \hat{y} \frac{\hat{\partial}}{\partial x} \right)$$

$$= \frac{-\hbar}{i} (-i\hbar) \left(\hat{x} \frac{\hat{\partial}}{\partial y} - \hat{y} \frac{\hat{\partial}}{\partial x} \right)$$

$$= \frac{-\hbar}{i} \hat{L}_z$$

$$= \frac{i^2 \hbar}{i} \hat{L}_z$$

$$= i\hbar \, \hat{L}_z$$

$$ie\left[\hat{L}_x, \hat{L}_y\right] = i\hbar \, \hat{L}_z$$

Da mesma forma, $\left[\hat{L}_y, \hat{L}_z\right] = i\hbar \, \hat{L}_x$ e $\left[\hat{L}_x, \hat{L}_z\right] = i\hbar \hat{L}_y$

Momento angular em coordenadas polares esféricas

As componentes do momento angular ($\hat{L}_x$, $\hat{L}_y$ e $\hat{L}_z$) em termos de operadores da mecânica quântica podem ser escritos como

$$\hat{L}_x = \left(\hat{y}\hat{P}_z - \hat{z}\hat{P}_y\right) = -i\hbar \left(\hat{y} \frac{\hat{\partial}}{\partial z} - \hat{z} \frac{\hat{\partial}}{\partial y} \right) \dots (145)$$

$$\hat{L}_y = \left(\hat{z}\hat{P}_x - \hat{x}\hat{P}_z\right) = -i\hbar \left(\hat{z} \frac{\hat{\partial}}{\partial x} - \hat{x} \frac{\hat{\partial}}{\partial z} \right) \dots (146)$$

$$\hat{L}_z = \left(\hat{x}\hat{P}_y - \hat{y}\hat{P}_x\right) = -i\hbar \left(\hat{x} \frac{\hat{\partial}}{\partial y} - \hat{y} \frac{\hat{\partial}}{\partial x} \right) \dots (147)$$

Neste caso, os termos do momento angular foram expressos em termos de coordenadas cartesianas. No entanto, verifica-se que as equações diferenciais parciais assim obtidas utilizando coordenadas cartesianas não são separáveis, o que sugere que as coordenadas polares esféricas são as coordenadas naturais para este problema. Por conseguinte, antes de derivar as funções próprias do operador do momento angular, começamos por transformar a representação cartesiana do momento angular em coordenadas polares esféricas.

Para esta conversão, primeiro escolhemos uma origem. De seguida, escolhemos uma coordenada, r, que mede a distância radial entre a origem e o ponto P. A coordenada 'r' varia em valores de $0 \leq r < \infty$. O conjunto de pontos que têm valor constante para 'r' são esferas ("superfícies planas").

Qualquer ponto da esfera pode ser definido por dois ângulos (θ, φ) e r. Vamos definir estes ângulos em relação a uma escolha de coordenadas cartesianas (x, y, z). O ângulo θ é definido como sendo o ângulo entre o eixo z positivo e a semi-reta que vai da origem ao ponto P. Note-se que os valores de θ apenas variam entre $0 \leq \theta \leq \pi$. O ângulo φ é definido (de forma semelhante às coordenadas polares) como o ângulo entre o eixo x positivo e a projeção no plano x-y da semi-reta desde a origem até ao ponto P. O ângulo de coordenadas φ pode assumir valores de $0 \leq \varphi < 2\pi$.

As coordenadas esféricas (r, θ, φ) para o ponto P são apresentadas na Figura 1. Escolhemos os vectores unitários (r, θ, φ) no ponto P da seguinte forma. Seja **r**ˆ o ponto radialmente afastado da origem, e θ o ponto tangente a uma circunferência no sentido positivo de θ no plano formado pelo eixo z e pela semi-reta da origem ao ponto P. Note-se que θ aponta no sentido do aumento de θ. Escolhemos φ para apontar no sentido do aumento de φ. Este vetor unitário aponta tangente a uma circunferência no *plano xy* centrado no eixo z. Estes vectores unitários estão também representados na **Figura 19**.

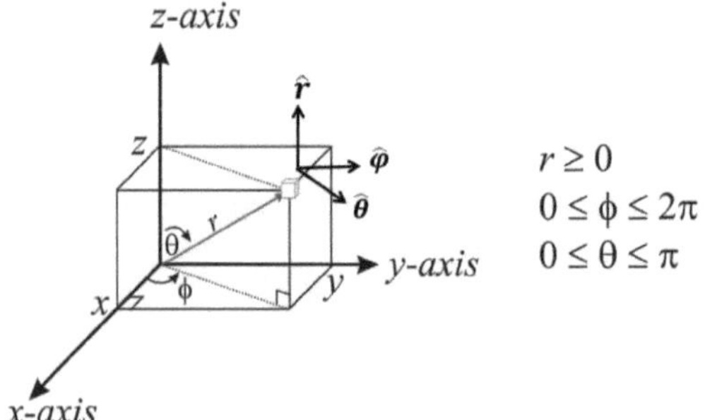

Figura 19: Transformação de coordenadas cartesianas para coordenadas polares

Se lhe forem dadas as coordenadas esféricas (r, θ, φ) de um ponto no plano, as coordenadas cartesianas (x, y, z) podem ser determinadas a partir das transformações de coordenadas

$$r^2 = x^2 + y^2 + z^2$$

$$r = \sqrt{x^2 + y^2 + z^2}$$

$$x = r \sin\theta \cos\varphi$$

$$y = r \sin\theta \sin\varphi$$

$$z = r \cos\theta$$

$$\cos\theta = {}^{z}/_{r}$$

$$\theta = \cos^{-1}({}^{z}/_{r})$$

$$\theta = \cos^{-1}\left(\frac{z}{\sqrt{x^2 + y^2 + z^2}}\right)$$

$$\frac{y}{x} = \frac{r \sin\theta \sin\varphi}{r \sin\theta \cos\varphi} = \tan\varphi$$

$$\varphi = \tan^{-1}({}^{y}/_{x})$$

Para voltar a exprimir os operadores de momento angular em termos de coordenadas esféricas, as equações diferenciais em coordenadas cartesianas são expressas em coordenadas esféricas. Assumindo x, y e z, respetivamente, como funções de r, θ e φ temos

$$x = f(r, \theta, \varphi)$$
$$y = f(r, \theta, \varphi)$$
$$z = f(r, \theta, \varphi)$$

Utilizando a regra da cadeia, as equações diferenciais parciais $\left(\frac{\partial}{\partial x}, \frac{\partial}{\partial y} \ and \ \frac{\partial}{\partial z}\right)$ para as funções x, y e z são dadas por

$$\frac{\partial}{\partial x} = \left(\frac{\partial r}{\partial x}\right)_{yz} \cdot \left(\frac{\partial}{\partial r}\right)_{\theta\varphi} + \left(\frac{\partial \theta}{\partial x}\right)_{yz} \cdot \left(\frac{\partial}{\partial \theta}\right)_{r\varphi}$$
$$+ \left(\frac{\partial \varphi}{\partial x}\right)_{yz} \cdot \left(\frac{\partial}{\partial \varphi}\right)_{r\theta} \quad \dots (148)$$

$$\frac{\partial}{\partial y} = \left(\frac{\partial r}{\partial y}\right)_{xz} \cdot \left(\frac{\partial}{\partial r}\right)_{\theta\varphi} + \left(\frac{\partial \theta}{\partial y}\right)_{xz} \cdot \left(\frac{\partial}{\partial \theta}\right)_{r\varphi}$$
$$+ \left(\frac{\partial \varphi}{\partial y}\right)_{xz} \cdot \left(\frac{\partial}{\partial \varphi}\right)_{r\theta} \quad \dots (149)$$

$$\frac{\partial}{\partial z} = \left(\frac{\partial r}{\partial z}\right)_{xy} \cdot \left(\frac{\partial}{\partial r}\right)_{\theta\varphi} + \left(\frac{\partial \theta}{\partial z}\right)_{xy} \cdot \left(\frac{\partial}{\partial \theta}\right)_{r\varphi}$$
$$+ \left(\frac{\partial \varphi}{\partial z}\right)_{xy} \cdot \left(\frac{\partial}{\partial \varphi}\right)_{r\theta} \quad \dots (150)$$

Frequentemente, precisamos das relações entre os diferenciais dx, $dy \ and \ dz$ e dr, $d\theta$, $d\varphi$. Estas relações surgem se aplicarmos a fórmula geral.

$$dr = \frac{\partial r}{\partial x} \, dx + \frac{\partial r}{\partial y} \, dy + \frac{\partial r}{\partial z} \, dz$$

$$d\theta = \frac{\partial \theta}{\partial x} \, dx + \frac{\partial \theta}{\partial y} \, dy + \frac{\partial \theta}{\partial z} \, dz$$

$$d\varphi = \frac{\partial \varphi}{\partial x} \, dx + \frac{\partial \varphi}{\partial y} \, dy + \frac{\partial \varphi}{\partial z} \, dz$$

Assim, precisamos de nove derivadas parciais

$$\frac{\partial r}{\partial x}, \frac{\partial r}{\partial y}, \frac{\partial r}{\partial z}, \frac{\partial \theta}{\partial x}, \frac{\partial \theta}{\partial y}, \frac{\partial \theta}{\partial z}, \frac{\partial \varphi}{\partial x}, \frac{\partial \varphi}{\partial y} \ e \ \frac{\partial \varphi}{\partial z}$$

$$\left(\frac{\partial r}{\partial x}\right)_{yz} = \sin \theta \cos \varphi$$

$$\left(\frac{\partial r}{\partial y}\right)_{xz} = \sin\theta\sin\varphi$$

$$\left(\frac{\partial r}{\partial z}\right)_{xy} = \cos\theta$$

$$\left(\frac{\partial \theta}{\partial x}\right)_{yz} = \frac{1}{r}\cos\theta\cos\varphi$$

$$\left(\frac{\partial \theta}{\partial y}\right)_{xz} = \frac{1}{r}\cos\theta\sin\varphi$$

$$\left(\frac{\partial \theta}{\partial z}\right)_{xy} = -\frac{1}{r}\sin\theta$$

$$\left(\frac{\partial \varphi}{\partial x}\right)_{yz} = -\frac{\sin\theta}{r\sin\theta}$$

$$\left(\frac{\partial \varphi}{\partial y}\right)_{xz} = \frac{\cos\varphi}{r\sin\theta}$$

$$\left(\frac{\partial \varphi}{\partial z}\right)_{xy} = 0$$

Por conseguinte, as derivadas parciais,

$$\frac{\partial}{\partial x} = (\sin\theta\cos\varphi)\left(\frac{\partial}{\partial r}\right)_{\theta\varphi} + \left(\frac{\cos\theta\cos\varphi}{r}\right)\left(\frac{\partial}{\partial\theta}\right)_{r\varphi}$$

$$+ \left(-\frac{\sin\theta}{r\sin\theta}\right)\left(\frac{\partial}{\partial\varphi}\right)_{r\theta} \ \dots (151)$$

$$\frac{\partial}{\partial y} = (\sin\theta\sin\varphi)\left(\frac{\partial}{\partial r}\right)_{\theta\varphi} + \left(\frac{\cos\theta\sin\varphi}{r}\right)\left(\frac{\partial}{\partial\theta}\right)_{r\varphi}$$

$$+ \left(\frac{\cos\theta}{r\sin\theta}\right)\left(\frac{\partial}{\partial\varphi}\right)_{r\theta} \ \dots . (152)$$

$$\frac{\partial}{\partial z} = (\cos\theta)\left(\frac{\partial}{\partial r}\right)_{\theta\varphi} + \left(-\frac{1}{r}\sin\theta\right)\left(\frac{\partial}{\partial\theta}\right)_{r\varphi} + 0$$

$$\frac{\partial}{\partial z} = (\cos\theta)\left(\frac{\partial}{\partial r}\right)_{\theta\varphi} - \left(\frac{1}{r}\sin\theta\right)\left(\frac{\partial}{\partial\theta}\right)_{r\varphi} \ \dots . (153)$$

Substituir os valores de $\frac{\partial}{\partial x}$, $\frac{\partial}{\partial y}$ and $\frac{\partial}{\partial z}$ em $\hat{L}_x$, $\hat{L}_y$ e $\hat{L}_z$.

$$\hat{L}_x = i\hbar \left(\sin\varphi \frac{\partial}{\partial\theta} + \cot\theta \cos\varphi \frac{\partial}{\partial\varphi} \right) .. \quad (154)$$

$$\hat{L}_y = -i\hbar \left(\cos\varphi \frac{\partial}{\partial\theta} - \cot\theta \sin\varphi \frac{\partial}{\partial\varphi} \right) .. \quad (155)$$

$$\hat{L}_z = -i\hbar \frac{\partial}{\partial\theta} .. \quad (156)$$

Elevando os termos da equação ao quadrado $\hat{L}_x$, $\hat{L}_y$ e $\hat{L}_z$ e substituindo-os na equação para $\hat{L}^2$ dá a magnitude do momento angular total como,

$$\hat{L}^2 = -\hbar^2 \left(\frac{\partial^2}{\partial\theta^2} + \cot\theta \frac{\partial}{\partial\theta} + \frac{1}{\sin^2\theta} \frac{\partial^2}{\partial\varphi^2} \right) \ .... \quad (157)$$

Comparando as equações para $\hat{L}^2$ em termos de coordenadas cartesianas e sistemas de coordenadas polares esféricas, em coordenadas cartesianas, o operador do momento angular é uma função das três coordenadas cartesianas x, y e z, mas em termos de coordenadas polares esféricas, é uma função de apenas duas coordenadas polares θ e ϕ.

O Laplaciano em Coordenadas Polares Esféricas

Coordenadas esféricas

Primeiro escolhemos uma origem. Depois escolhemos uma coordenada, r, que mede a distância radial da origem ao ponto P. A coordenada 'r' varia em valor de $0 \leq r < \infty$. O conjunto de pontos que têm valor constante para 'r' são esferas ("superfícies de nível").

Qualquer ponto da esfera pode ser definido por dois ângulos (θ,φ) e r. Vamos definir estes ângulos em relação a uma escolha de coordenadas cartesianas (x, y, z). O ângulo θ é definido como sendo o ângulo entre o eixo z positivo e a semi-reta desde a origem até ao ponto P. Note-se que os valores de θ apenas variam entre $0 \leq \theta \leq \pi$. O ângulo φ é definido (de forma semelhante às coordenadas polares) como sendo o ângulo entre o eixo x positivo e a projeção no plano x-y da semi-reta desde a origem até ao ponto P. O ângulo de coordenadas φ pode assumir valores entre $0 \leq \varphi < 2\pi$.

As coordenadas esféricas (*r, θ, φ*) para o ponto P estão representadas na **Figura 20**. Escolhemos os vectores unitários (*r, θ, φ*) no ponto P como se segue. Seja **r^** o ponto radialmente afastado da origem, e θ o ponto tangente a uma circunferência no sentido positivo de θ no plano formado pelo eixo z e pela semi-reta da origem ao ponto P. Note-se que θ aponta no sentido do aumento de θ. Escolhemos φ para apontar no sentido do aumento de φ. Este vetor unitário aponta tangente a uma circunferência no *plano xy* centrado no eixo z. Estes vectores unitários estão também representados na **Figura 20**.

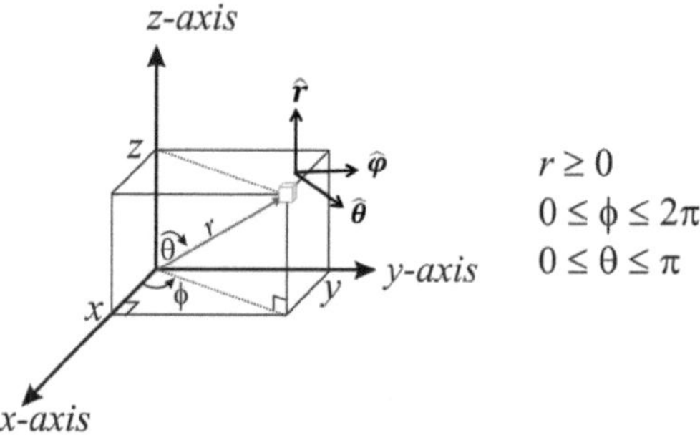

Figura 20: Transformação de coordenadas cartesianas para coordenadas polares

Se lhe forem dadas as coordenadas esféricas (r, θ, φ) de um ponto no plano, as coordenadas cartesianas (x, y, z) podem ser determinadas a partir das transformações de coordenadas

$$r^2 = x^2 + y^2 + z^2$$

$$r = \sqrt{x^2 + y^2 + z^2}$$

$$x = r \sin\theta \, \cos\varphi$$

$$y = r \sin\theta \, \sin\varphi$$

$$z = r \cos\theta$$

$$\cos\theta = {}^{z}/_{r}$$

$$\theta = \cos^{-1}({}^{z}/_{r})$$

$$\theta = \cos^{-1}\left(\frac{z}{\sqrt{x^2 + y^2 + z^2}}\right)$$

$$\frac{y}{x} = \frac{r\,\sin\theta\,\sin\varphi}{r\,\sin\theta\,\cos\varphi} = \tan\varphi$$

$$\varphi = \tan^{-1}(y/x)$$

Para voltar a exprimir os operadores de momento angular em termos de coordenadas esféricas, as equações diferenciais em coordenadas cartesianas são expressas em coordenadas esféricas. Assumindo x, y e z, respetivamente, como funções de r, θ e φ temos

$$x = f(r, \theta, \varphi)$$

$$y = f(r, \theta, \varphi)$$

$$z = f(r, \theta, \varphi)$$

Utilizando a regra da cadeia, as equações diferenciais parciais $\left(\frac{\partial}{\partial x}, \frac{\partial}{\partial y} \text{ and } \frac{\partial}{\partial z}\right)$ para as funções x, y e z são dadas por

$$\frac{\partial}{\partial x} = \left(\frac{\partial r}{\partial x}\right)_{yz} \cdot \left(\frac{\partial}{\partial r}\right)_{\theta\varphi} + \left(\frac{\partial \theta}{\partial x}\right)_{yz} \cdot \left(\frac{\partial}{\partial \theta}\right)_{r\varphi}$$

$$+ \left(\frac{\partial \varphi}{\partial x}\right)_{yz} \cdot \left(\frac{\partial}{\partial \varphi}\right)_{r\theta} \quad \dots(158)$$

$$\frac{\partial}{\partial y} = \left(\frac{\partial r}{\partial y}\right)_{xz} \cdot \left(\frac{\partial}{\partial r}\right)_{\theta\varphi} + \left(\frac{\partial \theta}{\partial y}\right)_{xz} \cdot \left(\frac{\partial}{\partial \theta}\right)_{r\varphi}$$

$$+ \left(\frac{\partial \varphi}{\partial y}\right)_{xz} \cdot \left(\frac{\partial}{\partial \varphi}\right)_{r\theta} \quad \dots(159)$$

$$\frac{\partial}{\partial z} = \left(\frac{\partial r}{\partial z}\right)_{xy} \cdot \left(\frac{\partial}{\partial r}\right)_{\theta\varphi} + \left(\frac{\partial \theta}{\partial z}\right)_{xy} \cdot \left(\frac{\partial}{\partial \theta}\right)_{r\varphi}$$

$$+ \left(\frac{\partial \varphi}{\partial z}\right)_{xy} \cdot \left(\frac{\partial}{\partial \varphi}\right)_{r\theta} \quad \dots(160)$$

Frequentemente, precisamos das relações entre os diferenciais dx, dy and dz e dr, $d\theta$, $d\varphi$. Estas relações surgem se aplicarmos a fórmula geral.

$$dr = \frac{\partial r}{\partial x}\, dx + \frac{\partial r}{\partial y}\, dy + \frac{\partial r}{\partial z}\, dz$$

$$d\theta = \frac{\partial \theta}{\partial x}\, dx + \frac{\partial \theta}{\partial y}\, dy + \frac{\partial \theta}{\partial z}\, dz$$

$$d\varphi = \frac{\partial \varphi}{\partial x}\, dx + \frac{\partial \varphi}{\partial y}\, dy + \frac{\partial \varphi}{\partial z}\, dz$$

Assim, precisamos de nove derivadas parciais

$$\frac{\partial r}{\partial x},\ \frac{\partial r}{\partial y},\ \frac{\partial r}{\partial z},\ \frac{\partial \theta}{\partial x},\ \frac{\partial \theta}{\partial y},\ \frac{\partial \theta}{\partial z},\ \frac{\partial \varphi}{\partial x},\ \frac{\partial \varphi}{\partial y}\ \text{e}\ \frac{\partial \varphi}{\partial z}$$

$$\left(\frac{\partial r}{\partial x}\right)_{yz} = \sin\theta \cos\varphi$$

$$\left(\frac{\partial r}{\partial y}\right)_{xz} = \sin\theta \sin\varphi$$

$$\left(\frac{\partial r}{\partial z}\right)_{xy} = \cos\theta$$

$$\left(\frac{\partial \theta}{\partial x}\right)_{yz} = \frac{1}{r}\cos\theta \cos\varphi$$

$$\left(\frac{\partial \theta}{\partial y}\right)_{xz} = \frac{1}{r}\cos\theta \sin\varphi$$

$$\left(\frac{\partial \theta}{\partial z}\right)_{xy} = -\frac{1}{r}\sin\theta$$

$$\left(\frac{\partial \varphi}{\partial x}\right)_{yz} = -\frac{\sin\theta}{r\sin\theta}$$

$$\left(\frac{\partial \varphi}{\partial y}\right)_{xz} = \frac{\cos\varphi}{r\sin\theta}$$

$$\left(\frac{\partial \varphi}{\partial z}\right)_{xy} = 0$$

Por conseguinte, as derivadas parciais,

$$\frac{\partial}{\partial x} = (\sin\theta \cos\varphi)\left(\frac{\partial}{\partial r}\right)_{\theta\varphi} + \left(\frac{\cos\theta \cos\varphi}{r}\right)\left(\frac{\partial}{\partial \theta}\right)_{r\varphi}$$

$$+ \left(-\frac{\sin\theta}{r\sin\theta}\right)\left(\frac{\partial}{\partial \varphi}\right)_{r\theta} \quad (161)$$

$$\frac{\partial}{\partial y} = (\sin\theta \sin\varphi)\left(\frac{\partial}{\partial r}\right)_{\theta\varphi} + \left(\frac{\cos\theta \sin\varphi}{r}\right)\left(\frac{\partial}{\partial\theta}\right)_{r\varphi}$$

$$+ \left(\frac{\cos\theta}{r\sin\theta}\right)\left(\frac{\partial}{\partial\varphi}\right)_{r\theta} \dots (162)$$

$$\frac{\partial}{\partial z} = (\cos\theta)\left(\frac{\partial}{\partial r}\right)_{\theta\varphi} + \left(-\frac{1}{r}\sin\theta\right)\left(\frac{\partial}{\partial\theta}\right)_{r\varphi} + 0$$

$$\frac{\partial}{\partial z} = (\cos\theta)\left(\frac{\partial}{\partial r}\right)_{\theta\varphi} - \left(\frac{1}{r}\sin\theta\right)\left(\frac{\partial}{\partial\theta}\right)_{r\varphi} \dots (163)$$

Então encontre $\frac{\partial^2}{\partial x^2}, \frac{\partial^2}{\partial y^2}$, e $\frac{\partial^2}{\partial z^2}$, para formar o Laplaciano.

Da $\frac{\partial}{\partial z}$ equação, eliminando os $r, \theta\ and\ \varphi$ subscritos, podemos escrever,

$$\frac{\partial^2}{\partial z^2} = \frac{\partial}{\partial z}\left(\frac{\partial}{\partial z}\right)$$

$$= \cos\theta\,\frac{\partial\left[\cos\theta\frac{\partial}{\partial r} - \left(\frac{\sin\theta}{r}\right)\frac{\partial}{\partial\theta}\right]}{\partial r} - \left(\frac{\sin\theta}{r}\right)\frac{\partial\left[\cos\theta\frac{\partial}{\partial r} - \left(\frac{\sin\theta}{r}\right)\frac{\partial}{\partial\theta}\right]}{\partial\theta}$$

$$\frac{\partial^2}{\partial z^2} = cos^2\theta\,\frac{\partial^2}{\partial r^2} + \frac{\cos\theta\sin\theta}{r^2}\frac{\partial}{\partial\theta} - \frac{\sin\theta\cos\theta}{r}\frac{\partial^2}{\partial r\partial\theta}$$

$$- \left(\frac{\sin\theta}{r}\right)\left(-\sin\theta\frac{\partial}{\partial r} - \cos\theta\frac{\partial}{\partial\theta}\right) - \frac{\sin\theta\cos\theta}{r^2}\frac{\partial}{\partial\theta}$$

$$+ \frac{sin^2\theta}{r^2}\frac{\partial^2}{\partial\theta^2} \cdot (164)$$

$$\frac{\partial^2}{\partial z^2} = cos^2\theta\,\frac{\partial^2}{\partial r^2} + \frac{\cos\theta\sin\theta}{r^2}\frac{\partial}{\partial\theta} - \frac{\sin\theta\cos\theta}{r}\frac{\partial^2}{\partial r\partial\theta}$$

$$- \left(\frac{\sin\theta\cos\theta}{r}\right)\frac{\partial^2}{\partial r\partial\theta} + \frac{\sin\theta\cos\theta}{r^2}\frac{\partial}{\partial\theta}$$

$$+ \frac{sin^2\theta}{r^2}\frac{\partial^2}{\partial\theta^2} \dots (165)$$

Da mesma forma, $\frac{\partial^2}{\partial y^2} = \frac{\partial}{\partial y}\left(\frac{\partial}{\partial y}\right)$

$$= \ \sin\theta\sin\varphi \ \frac{\partial\left[\sin\theta\sin\varphi\dfrac{\partial}{\partial r} + \dfrac{\cos\theta\sin\varphi}{r}\dfrac{\partial}{\partial\theta} + \dfrac{\cos\varphi}{r\sin\theta}\dfrac{\partial}{\partial\varphi}\right]}{\partial r}$$

$$+ \ \frac{\cos\theta\sin\varphi}{r} \ \frac{\partial\left[\sin\theta\sin\varphi\dfrac{\partial}{\partial r} + \dfrac{\cos\theta\sin\varphi}{r}\dfrac{\partial}{\partial\theta} + \dfrac{\cos\varphi}{r\sin\theta}\dfrac{\partial}{\partial\varphi}\right]}{\partial\theta}$$

$$+ \left(\frac{\cos\varphi}{r\sin\theta}\right) \ \frac{\partial\left[\sin\theta\sin\varphi\dfrac{\partial}{\partial r} + \dfrac{\cos\theta\sin\varphi}{r}\dfrac{\partial}{\partial\theta} + \dfrac{\cos\varphi}{r\sin\theta}\dfrac{\partial}{\partial\varphi}\right]}{\partial\varphi}$$

$$\frac{\partial^2}{\partial y^2} = \ \sin^2\theta\sin^2\varphi\,\frac{\partial^2}{\partial r^2}$$

$$+ \sin\theta\sin\varphi\left[\frac{\cos\theta\sin\varphi}{r^2}\frac{\partial}{\partial\theta} + \frac{\cos\theta\sin\varphi}{r}\frac{\partial^2}{\partial r\partial\theta}\right]$$

$$+ \sin\theta\sin\varphi\left[\left(\frac{-\cos\varphi}{r^2\sin\theta}\right)\frac{\partial}{\partial\varphi} + \frac{\cos\theta}{r\sin\theta}\frac{\partial^2}{\partial r\partial\varphi}\right]$$

$$+ \left(\frac{\cos\theta\sin\varphi}{r}\right)\left[\cos\theta\sin\varphi\frac{\partial}{\partial\theta} + \sin\theta\sin\varphi\frac{\partial^2}{\partial r\partial\theta}\right]$$

$$+ \left(\frac{\cos\theta\sin\varphi}{r}\right)\left[-\frac{\sin\theta\sin\varphi}{r}\frac{\partial}{\partial\theta} + \left(\frac{\cos\theta\sin\varphi}{r}\right)\frac{\partial^2}{\partial\theta^2}\right]$$

$$+ \left(\frac{\cos\theta\sin\varphi}{r}\right)\left[\left(\frac{-\cos\theta\cos\varphi}{r^2\sin\theta}\right)\frac{\partial}{\partial\varphi} + \frac{\cos\theta}{r\sin\theta}\frac{\partial^2}{\partial r\partial\varphi}\right]$$

$$+ \left(\frac{\cos\varphi}{r\sin\theta}\right)\left[\sin\theta\cos\varphi\frac{\partial}{\partial r} + \sin\theta\sin\varphi\frac{\partial^2}{\partial r\partial\varphi}\right]$$

$$+ \left(\frac{\cos\varphi}{r\sin\theta}\right)\left[\left(\frac{\cos\theta\cos\varphi}{r}\right)\frac{\partial}{\partial\theta} + \left(\frac{\cos\theta\sin\varphi}{r}\right)\frac{\partial^2}{\partial\theta\partial\varphi}\right]$$

$$+ \left(\frac{\cos\varphi}{r\sin\theta}\right)\left[\left(\frac{-\sin\varphi\cos\varphi}{r\sin\theta}\right)\frac{\partial}{\partial\varphi}\right.$$

$$\left.+ \left(\frac{\cos\varphi}{r\sin\theta}\right)\frac{\partial^2}{\partial\varphi^2}\right] \quad \ldots (166)$$

$$\frac{\partial^2}{\partial y^2} = sin^2\theta\, sin^2\varphi\, \frac{\partial^2}{\partial r^2} + \left(\frac{\sin\theta\cos\varphi\, sin^2\varphi}{r^2}\right)\frac{\partial}{\partial\theta}$$

$$+ \left(\frac{\cos\theta\sin\theta\, sin^2\varphi}{r^2}\right)\frac{\partial^2}{\partial r\partial\theta} - \left(\frac{\sin\theta\cos\varphi}{r^2}\right)\frac{\partial}{\partial\varphi}$$

$$+ \left(\frac{\cos\varphi\sin\varphi}{r}\right)\frac{\partial^2}{\partial r\partial\varphi} + \left(\frac{cos^2\theta\, sin^2\varphi}{r}\right)\frac{\partial}{\partial r}$$

$$+ \left(\frac{\cos\theta\sin\theta\, sin^2\varphi}{r}\right)\frac{\partial^2}{\partial r\partial\theta} - \left(\frac{\sin\theta\cos\theta\, sin^2\varphi}{r^2}\right)\frac{\partial}{\partial\theta}$$

$$+ \left(\frac{cos^2\theta\, sin^2\varphi}{r^2}\right)\frac{\partial^2}{\partial\theta^2} - \left(\frac{cos^2\theta\cos\varphi\sin\varphi}{r\, sin^2\theta}\right)\frac{\partial}{\partial\varphi}$$

$$+ \left(\frac{\cos\theta\cos\varphi\sin\varphi}{r^2 sin^2\theta}\right)\frac{\partial^2}{\partial\varphi\partial\theta} + \left(\frac{cos^2\varphi}{r}\right)\frac{\partial}{\partial r}$$

$$+ \left(\frac{\cos\varphi\sin\varphi}{r}\right)\frac{\partial^2}{\partial r\partial\varphi} + \left(\frac{cos^2\varphi\cos\theta}{r^2\sin\theta}\right)\frac{\partial}{\partial\theta}$$

$$+ \left(\frac{\cos\theta\cos\varphi\sin\varphi}{r^2\sin\theta}\right)\frac{\partial^2}{\partial\theta\partial\varphi} - \left(\frac{cos^2\varphi\sin\varphi}{r\, sin^2\theta}\right)\frac{\partial}{\partial\varphi}$$

$$+ \left(\frac{cos^2\varphi}{r^2 sin^2\theta}\right)\frac{\partial^2}{\partial\varphi^2} \quad \ldots (167)$$

Da mesma forma

$$\frac{\partial^2}{\partial x^2} = (\sin\theta\cos\varphi)\sin\theta\cos\varphi\,\frac{\partial^2}{\partial r^2}$$

$$+ \sin\theta\cos\varphi\left[-\frac{\cos\theta\cos\varphi}{r^2}\frac{\partial}{\partial\theta} + \frac{\cos\theta\cos\varphi}{r}\frac{\partial^2}{\partial\theta\partial r}\right]$$

$$- \sin\theta\cos\varphi\left[\left(\frac{-\sin\varphi}{r^2\sin\theta}\right)\frac{\partial}{\partial\varphi} + \frac{\sin\varphi}{r\sin\theta}\frac{\partial^2}{\partial\varphi\partial r}\right]$$

$$+ \left(\frac{\cos\theta\cos\varphi}{r}\right)\left[\cos\theta\cos\varphi\,\frac{\partial}{\partial r} + \sin\theta\cos\varphi\,\frac{\partial^2}{\partial r\partial\theta}\right]$$

$$+ \left(\frac{\cos\theta\cos\varphi}{r}\right)\left[-\frac{\sin\theta\cos\varphi}{r}\frac{\partial}{\partial\theta} + \left(\frac{\cos\theta\cos\varphi}{r}\right)\frac{\partial^2}{\partial\theta^2}\right]$$

$$+ \left(\frac{\cos\theta\cos\varphi}{r}\right)\left[\left(\frac{\sin\varphi}{r\sin^2\theta}\right)\frac{\partial}{\partial\varphi} - \frac{\sin\varphi}{r\sin\theta}\frac{\partial^2}{\partial\varphi\partial\theta}\right]$$

$$- \left(\frac{\sin\varphi}{r\sin\theta}\right)\left[\sin\theta\sin\varphi\,\frac{\partial}{\partial r} + \sin\theta\cos\varphi\,\frac{\partial^2}{\partial r\partial\varphi}\right]$$

$$- \left(\frac{\sin\varphi}{r\sin\theta}\right)\left[\left(-\frac{\cos\theta\sin\varphi}{r}\right)\frac{\partial}{\partial\theta} + \left(\frac{\cos\theta\cos\varphi}{r}\right)\frac{\partial^2}{\partial\theta\partial\varphi}\right]$$

$$- \left(\frac{\sin\varphi}{r\sin\theta}\right)\left[\left(\frac{-\cos\varphi}{r\sin\theta}\right)\frac{\partial}{\partial\varphi} + \left(\frac{\sin\varphi}{r\sin\theta}\right)\frac{\partial^2}{\partial\varphi^2}\right] \quad \dots (168)$$

$$\frac{\partial^2}{\partial x^2} = sin^2\theta cos^2\varphi \frac{\partial^2}{\partial r^2} - \left(\frac{sin\,\theta\,cos\,\varphi\,cos^2\varphi}{r^2}\right)\frac{\partial}{\partial\theta}$$

$$+ \left(\frac{sin\,\theta\,cos\,\theta\,cos^2\varphi}{r^2}\right)\frac{\partial^2}{\partial\theta\partial r} + \left(\frac{cos\,\varphi\,sin\,\varphi}{r^2}\right)\frac{\partial}{\partial\varphi}$$

$$- \left(\frac{sin\,\varphi\,cos\,\varphi}{r}\right)\frac{\partial^2}{\partial\varphi\partial r} + \left(\frac{cos^2\theta cos^2\varphi}{r}\right)\frac{\partial}{\partial r}$$

$$+ \left(\frac{sin\,\theta\,cos\,\theta\,cos^2\varphi}{r}\right)\frac{\partial^2}{\partial r\partial\theta} - \left(\frac{sin\,\theta\,cos\,\theta\,cos^2\varphi}{r^2}\right)\frac{\partial}{\partial\theta}$$

$$+ \left(\frac{cos^2\theta cos^2\varphi}{r^2}\right)\frac{\partial^2}{\partial\theta^2} + \left(\frac{cos\,\theta\,cos\,\varphi}{r}\right)\left(\frac{cos\,\varphi\,sin\,\varphi}{r\,sin\,\theta}\right)\frac{\partial}{\partial\varphi}$$

$$- \left(\frac{sin\,\varphi\,cos\,\varphi\,cos\,\theta}{r^2\,sin\,\theta}\right)\frac{\partial^2}{\partial\varphi\partial\theta} - \left(\frac{sin^2\varphi}{r}\right)\frac{\partial}{\partial r}$$

$$- \left(\frac{sin\,\varphi\,cos\,\varphi}{r}\right)\frac{\partial^2}{\partial r\partial\varphi} + \left(\frac{cos\,\theta\,sin^2\varphi}{r^2\,sin\,\theta}\right)\frac{\partial}{\partial\theta}$$

$$- \left(\frac{cos\,\theta\,sin\,\varphi\,cos\,\varphi}{r^2\,sin\,\theta}\right)\frac{\partial^2}{\partial\theta\partial\varphi} + \left(\frac{sin\,\varphi\,cos\,\varphi}{r sin^2\theta}\right)\frac{\partial}{\partial\varphi}$$

$$+ \left(\frac{sin^2\varphi}{r^2 sin^2\theta}\right)\frac{\partial^2}{\partial\varphi^2} \quad \dots (169)$$

Ao juntar os coeficientes de $\frac{\partial^2}{\partial r^2}$ nas equações (x) , (x), e (x) obtemos,

$$\frac{\partial^2}{\partial r^2}(cos^2\theta + sin^2\theta sin^2\varphi + sin^2\theta cos^2\varphi) \Rightarrow \frac{\partial^2}{\partial r^2}$$

Da mesma forma

$$\frac{\partial^2}{\partial\theta^2}\left(\frac{sin^2\theta}{r^2} + \frac{cos^2\theta sin^2\theta}{r^2} + \frac{cos^2\theta cos^2\varphi}{r^2}\right) \Rightarrow \frac{1}{r^r}\frac{\partial^2}{\partial\theta^2}$$

$$\frac{\partial^2}{\partial\varphi^2}\left(\frac{cos^2\varphi}{r^2 sin^2\theta} + \frac{sin^2\varphi}{r^2 sin^2\theta}\right) \Rightarrow \left(\frac{1}{r^2 sin^2\theta}\right)\frac{\partial^2}{\partial\varphi^2}$$

$$\frac{\partial}{\partial r}\left(\frac{sin^2\theta}{r} + \frac{cos^2\theta sin^2\varphi}{r} + \frac{cos^2\varphi}{r} + \frac{cos^2\theta cos^2\varphi}{r}\right.$$

$$\left. - \frac{sin^2\varphi}{r}\right) \Rightarrow \frac{2}{r}\frac{\partial}{\partial r}$$

$$\frac{\partial}{\partial\theta}\left(\frac{\cos\theta\sin\theta}{r^2}+\frac{\sin\theta\cos\theta}{r^2}-\frac{\sin\theta\cos\theta\, sin^2\varphi}{r^2}-\frac{\sin\theta\cos\theta\, sin^2\varphi}{r^2}\right.$$

$$+\frac{cos^2\varphi\cos\theta}{r^2\sin\theta}-\frac{\sin\theta\cos\theta\, cos^2\varphi}{r^2}-\frac{\sin\theta\cos\theta\, cos^2\varphi}{r^2}$$

$$\left.+\frac{\cos\theta\, sin^2\varphi}{r^2\sin\theta}\right)\Rightarrow\frac{\cos\theta}{r^2\sin\theta}\frac{\partial}{\partial\theta}$$

$$\frac{\partial}{\partial\varphi}\left(-\frac{\sin\theta\cos\varphi}{r^2}-\frac{cos^2\theta\cos\varphi\sin\varphi}{r sin^2\theta}-\frac{cos^2\theta\cos\varphi\sin\varphi}{r sin^2\theta}\right.$$

$$+\frac{\cos\varphi\sin\varphi}{r^2}+\frac{\cos\varphi\cos\theta}{r}+\frac{\cos\theta\, cos^2\varphi\sin\varphi}{r sin^2\theta}$$

$$\left.+\frac{\sin\varphi\cos\varphi}{r sin^2\theta}\right)\Rightarrow 0$$

Do mesmo modo, as derivadas mistas produzem,

$$\frac{\partial^2}{\partial r\partial\varphi}\left(\frac{\cos\varphi\sin\varphi}{r}+\frac{\cos\varphi\sin\varphi}{r}-\frac{\sin\varphi\cos\varphi}{r}-\frac{\sin\varphi\cos\varphi}{r}\right)\Rightarrow 0$$

$$\frac{\partial^2}{\partial r\partial\theta}\left(-\frac{\sin\theta\cos\theta}{r}-\frac{\sin\theta\cos\theta}{r}+\frac{\cos\theta\sin\theta\, sin^2\varphi}{r}\right.$$

$$+\frac{\sin\theta\cos\theta\, cos^2\varphi}{r}+\frac{\cos\theta\sin\theta\, sin^2\varphi}{r}$$

$$\left.+\frac{\sin\theta\cos\theta\cos\ \varphi}{r}\right)\Rightarrow 0$$

Juntando os termos não crescentes, obtemos

$$\frac{\partial^2}{\partial r^2}+\frac{2}{r}\frac{\partial}{\partial r}+\frac{1}{r^2}\frac{\partial^2}{\partial\theta^2}+\frac{\cos\theta}{r^2\sin\theta}\frac{\partial}{\partial\theta}+\frac{1}{r^2 sin^2\theta}\frac{\partial^2}{\partial\varphi^2}=\nabla^2\ ....(170)$$

Esta é uma das formas clássicas para o ∇^2 a outra é

$$\nabla^2=\frac{1}{r^2}\frac{\partial\left(r^2\frac{\partial}{\partial r}\right)}{\partial r}+\frac{1}{r^2 sin^2\theta}\frac{\partial\left(\sin\theta\frac{\partial}{\partial\theta}\right)}{\partial\theta}+\frac{1}{r^2 sin^2\theta}\frac{\partial^2}{\partial\varphi^2}\ ....(171)$$

CAPÍTULO 13
<u>REFERÊNCIAS, QUESTÕES E PROBLEMAS</u>

Referências

(1) Arthur Beiser, Concepts of Modern Physics, 6ª ed., McGraw-Hill Higher Education (2003).

(2) Peter F Bernath, Spectra of Atoms and Molecules, Oxford University Press (2005).

(3) Peter W Atkins e Ronald S Friedman, Molecular Quantum Mechanics, 5ª ed., Oxford University Press (2011).

(4) Sulabha K. Kulkarni, Nanotechnology: Principles and Practices, 3ª ed., Springer, (2014).

(5) K. I. Ramachandran, G. Deepa e K. Namboori, Computational Chemistry and Molecular Modeling Principles and Applications, Springer, (2008).

(6) David C. Young, Computational Chemistry, A Practical Guide for Applying Techniques to Real-World Problems, A John Wiley & Sons, Inc., Publication, (2004).

(7) David J Griffiths e Darrell F Schroeter, Introduction to quantum mechanics, Cambridge University Press, 3ª ed., (2018).

(8) Arnout Jozef Ceulemans, Group Theory Applied to Chemistry, Springer, (2013).

(9) Ira N. Levine, Quantum Chemistry, 7ª ed., Pearson, (2014).

(10) Eugen Merzbacher, Quantum Mechanics, 3rd ed., A John Wiley & Sons, Inc., Publication, (1998).

(11) K.T. Hecht, Quantum Mechanics, Springer, New York, (2012).

(12) R. K. Prasad, Quantum Chemistry, 3ª ed., New Age International (P) Limited, (1997).

(13) A. K. Chandra, Introductory Quantum Chemistry, 4ª ed., McGraw Hill Education (India) Private Limited, (1994).

(14) R. Anantharaman, Fundamentals of Quantum Chemistry, Macmillan India Limited, New Delhi, (2002).

(15) Donald A McQuarrie, Quantum Chemistry, Viva Books Private Limited, New Delhi, (2007).

Perguntas objectivas ou de escolha múltipla

1. A função de trabalho do alumínio é de 4,2 eV. O comprimento de onda de corte para o efeito fotoelétrico da superfície é.......

(a) 2955 Å

(b) 3100 Å

(c) 4200 Å

(d) 1500 Å

Resposta: (a) 2955 Å

2. A função de trabalho da superfície de alumínio é de 4,2 eV e a da superfície de sódio é de 2 eV. Os dois metais foram iluminados com radiações adequadas de modo a provocar a foto-emissão. Então

(a) Tanto o alumínio como o sódio terão uma frequência limite

(b) A frequência limiar do alumínio será superior à do sódio

(c) A frequência limiar do alumínio será inferior à do sódio.

(d) Nenhuma das anteriores

Resposta: (c) a frequência limite do alumínio será inferior à do sódio.

3. Os raios X de frequência υ são utilizados para irradiar a superfície de sódio e de cobre em duas experiências separadas e o potencial de paragem é determinado. Em seguida

(a) O potencial de paragem é maior para o cobre do que para o sódio

(b) O potencial de paragem é maior para o sódio do que para o cobre

(c) O potencial de paragem é o mesmo para o sódio e para o cobre

(d) Nenhuma das anteriores

Resposta:

4. Luz de duas frequências diferentes, cujos fotões têm energias 1 e 2,5 eV, respetivamente, iluminam sucessivamente um metal cuja função trabalho é 0,5 eV. A razão entre as velocidades máximas dos electrões emitidos será

(a) 1: 1

(b) 1: 2

(c) 1: 4

(d) 1: 5

Resposta: (b) 1: 2

5. A função trabalho de um material fotoelétrico é de 3,3 eV. A frequência limite será igual a

(a) 4 × 1014 Hz

(b) 5 × 1020 Hz

(c) 8 × 1010 Hz

(d) 8 × 1014 Hz

Resposta: (d) 8 × 1014 Hz

6. Uma luz de comprimento de onda 4000 Å incide numa placa metálica cuja função trabalho é 2 eV. A energia cinética máxima do fotoeletrão emitido seria

(a) 0,5 eV

(b) 1,5 eV

(c) 20 eV

(d) 1,1 eV

Resposta: (d) 1,1 eV

7. No efeito fotoelétrico, o número de electrões emitidos é proporcional a

(a) Função de trabalho do cátodo

(b) velocidade do feixe incidente

(c) Frequência do feixe incidente

(d) intensidade do feixe incidente

Resposta: (d) intensidade do feixe incidente

8. Qual é a ordem do intervalo de tempo entre a incidência da radiação numa superfície metálica e a ejeção de um fotoeletrão dessa superfície?

(a) 10^{-9} s

(b) 10^{-6} s

(c) 10^{-4} s

(d) 10^{-2} s (1)

Resposta: (a) 10^{-9} s

9. O comprimento de onda limite para a emissão fotoeléctrica de um material é 5200 Å. Serão emitidos fotoelectrões quando este material for iluminado com radiação monocromática de um

(a) Lâmpada de infravermelhos de 50 W

(b) Lâmpada de infravermelhos de 1 W

(c) Lâmpada ultravioleta de 50 W

(d) Lâmpada ultravioleta de 1 W **(3, 4)**

Resposta: c) Lâmpada ultravioleta de 50 W e d) Lâmpada ultravioleta de 1 W

(10) O efeito fotoelétrico só ocorre se

(a) A frequência da luz incidente é inferior à frequência limite

(b) A frequência da luz incidente é superior à frequência limite

(c) A frequência da luz incidente é igual à frequência limite

(d) Nenhuma das anteriores

Resposta: (b) A frequência da luz incidente é superior à frequência limite

(11) As radiações emitidas pelos corpos quentes são designadas por ....

(a) Raios X

(b) Radiação de corpo negro

(c) Radiações gama

(d) Luz visível

Resposta: (b) Radiação de corpo negro

(12) A unidade de potência de absorção é ....

(a) T

(b) Ts

(c) Ts

(d) Nenhuma unidade

Resposta: (d) Nenhuma unidade

(13) O corpo que não reflecte nem transmite, mas absorve a totalidade da radiação térmica, é designado por ....

(a) Corpo negro

(b) Isolador

(c) Radiador

(d) Transmissor

Resposta: (a) Corpo negro

(14) As leis da radiação do corpo negro são as seguintes

(a) Lei de Planck

(b) Lei de Boltzmann de Stefan

(c) Ambas as opções anteriores

(d) Nenhuma das anteriores

Resposta: (c) Ambas as opções anteriores

(15) Um corpo negro pode absorver radiações de .....

(a) Apenas comprimentos de onda superiores

(b) Apenas os comprimentos de onda inferiores

(c) Apenas comprimentos de onda intermédios

(d) Todos os comprimentos de onda

Resposta: (d) Todos os comprimentos de onda

(16) A lei "um bom absorvedor de calor é também um bom radiador de calor" é

(a) Lei de Stefan

(b) Lei de Kirchhoff

(c) Lei de Planck

(d) Lei de Wein

Resposta: (b) Lei de Kirchhoff

(17) A lei "a energia radiante total emitida por uma superfície é proporcional à quarta potência da temperatura absoluta" é

(a) Lei de Stefan

(b) Lei de Kirchhoff

(c) Lei de Planck

(d) Lei de Wein

Resposta: (a) Lei de Stefan

(18) À medida que o comprimento de onda aumenta, a energia emitida pela radiação de um corpo negro será .... primeiro e depois ....

(a) Aumenta, torna-se constante

(b) Aumenta, diminui

(c) Diminuição, aumento

(d) Nenhuma das anteriores

Resposta: (b) Aumenta, diminui

(19) experiência de uma pessoa de pele escura em comparação com uma pessoa de pele branca

(a) Menos calor e mais frio

(b) Mais calor e mais frio

(c) Pouco calor e pouco frio

(d) Mais calor e menos frio

Resposta: (b) Mais calor e mais frio

(20) Todos os objectos emitem radiação. A energia da radiação é proporcional a que potência da temperatura?

(a) T

(b) T^2

(c) T^3

(d) T^4

Resposta: (d) T^4

(21) O fenómeno em que os corpos quentes emitem radiação é conhecido como?

(a) Raios X

(b) Radiação de corpo negro

(c) Luz visível

(d) Radiações gama

Resposta: (b) Radiação de corpo negro

(22) Qual das seguintes cores indica que a barra de ferro está à temperatura mais baixa, quando é aquecida e se observam as cores a diferentes temperaturas?

(a) Vermelho

(b) Branco

(c) Laranja

(d) Azul

Resposta: (a) Vermelho

Explicação: A frequência da radiação libertada continua a aumentar à medida que o corpo aquece. De todas as cores, a azul é a que tem maior frequência. Por isso, à medida que a barra de ferro é aquecida, torna-se primeiro vermelha, depois laranja, branca e, finalmente, azul.

(23) Radiação do corpo negro compreendida.....

(a) Protões

(b) Fotões

(c) Positrões

(d) Nenhuma das anteriores

Resposta: (b) Fotões

(24) Qual das seguintes não é uma caraterística da distribuição da radiação de corpo negro de Planck

(a) Com o aumento da temperatura, o pico da curva desloca-se para um comprimento de onda mais elevado

(b) O poder emissivo espetral varia continuamente com a variação do comprimento de onda

(c) Para um dado comprimento de onda, à medida que a temperatura aumenta, a potência emissiva também aumenta

(d) Nenhuma das anteriores

Resposta: (a) Com o aumento da temperatura, o pico da curva desloca-se para um comprimento de onda mais elevado

(25) A lei de Planck descreve o espetro da radiação _________.

(a) Corpo negro

(b) Corpo cinzento

(c) Corpo branco

(d) Nenhuma das anteriores

Resposta: (a) Corpo negro

(25) O valor da constante de Planck é ______ $\times 10^{-34}$ Js.

(a) 1.1

(b) 3.3

(c) 6.6

(d) 9.6

Resposta: (c) 6,6

Explicação

Constante de Planck: É uma constante física que constitui o quantum da ação electromagnética. Relaciona a energia transportada por um fotão com a sua frequência: E = hv.

$$\therefore h = \frac{E}{v}$$

Assim, a unidade da constante de Planck é

$$h = \frac{Joule}{\frac{1}{sec}} = Joule.sec$$

A unidade da constante de Planck é o Joule □ sec e o seu valor é $6,6 \times 10^{-34}$ Js.

Onde, E = energia, v = frequência h = constante de Planck.

Explicação:

A partir da explicação acima, podemos ver que a constante de Planck é uma constante fundamental utilizada para definir a energia quântica. E o seu valor é aproximadamente $6,6 \times 10^{-34}$ Js.

(26) A constante de Planck é ....

(a) Constante fundamental

(b) Constante universal

(c) Constante de proporcionalidade

(d) Todas as anteriores

Resposta: (d) Todas as anteriores

(27) A constante de Planck aplica-se a ......

(a) Partículas macroscópicas

(b) Partículas microscópicas

(c) Ambas as opções a e b

(d) Nem a) nem b)

Resposta: (b) Partículas microscópicas

(28) A unidade da constante de Planck em unidade atómica é .....

(a) eV segundo

(b) eV eletrão-volt

(c) Joule/hertz

(d) Joule segundo

Resposta: (a) eV segundo

(29) Qual é o valor da constante de Planck na unidade CGS?

(a) $6.626 \times 10^{-34} Joule\ second$

(b) $6.626 \times 10^{-27} erg\ second$

(c) $6.626 \times 10^{-25} erg\ second$

(d) $6.023 \times 10^{-27} erg\ second$

Resposta: (b) $6.626 \times 10^{-27} erg\ second$

(30) A constante de Planck explica ......

(a) Natureza quântica da luz

(b) Natureza de partícula da luz

(c) Natureza ondulatória da luz

(d) Ambas as alíneas (a) e (b)

Resposta: (d) Ambas as alíneas (a) e (b)

(31) A magnitude do momento de um fotão de raios X com uma frequência
de $6.5 \times 10^{19} Hz$ é .....

(a) $1.45 \times 10^{-22} kgm/s$

(b) $1.45 \times 10^{-27} kgm/s$

(c) $2.45 \times 10^{-22} kgm/s$

(d) $2.45 \times 10^{-27} kgm/s$

Resposta (a): $1.45 \times 10^{-22} kgm/s$

Dica $p = \dfrac{h}{\lambda}$

$$\lambda = \frac{c}{f}$$

$$p = \frac{hf}{c}$$

$$f = \frac{pc}{h}$$

(32) O que caracteriza um fotão de luz?

(a) tanto a energia como o momento

(b) energia, mas não momento

(c) momento, mas não energia

(d) nem energia nem momento

Resposta: (a) tanto a energia como o momento

(33) Se um fotão tem um comprimento de onda de $6,6 \times 10^{-32}$ m, qual é o seu momento?

(a) $4,4 \times 10^{-65}$ kg.m/s

(b) $1,0 \times 10^{-1}$ kg.m/s

(c) $1,0 \times 10^{-2}$ kg.m/s

(d) $2,4 \times 10^{12}$ kg.m/s

Resposta: (c) $1,0 \times 10^{-2}$ kg.m/s

(34) Que propriedade descreve o efeito de Compton sobre os fotões?

(a) massa

(b) dinâmica

(c) Propriedades das ondas

(d) Taxas de velocidade

Resposta: (b) momento

(35) O que é que Compton descobriu depois de bombardear os electrões com fotões de alta energia?

(a) O momento de um fotão depende do seu comprimento de onda.

(b) Um fotão com um comprimento de onda curto pode ser ejectado.

(c) Os electrões e os positrões vêm aos pares.

(d) Os electrões podem ser divididos em partículas mais pequenas.

Resposta: (a) O momento de um fotão depende do seu comprimento de onda.

(36) Qual é o momento de um fotão de luz amarela com um comprimento de onda de $5,89 \times 10^{-7}$ m?

(a) $3,90 \times 10^{-40}$ kgm/s

(b) $3,90 \times 10^{-37}$ kgm/s

(c) $1,12 \times 10^{-27}$ kgm/s

(d) $1,12 \times 10^{-25}$ kgm/s

Resposta: (c) $1,12 \times 10^{-27}$ kgm/s

(37) O que acontece a um fotão de alta energia depois de atingir um eletrão?

(a) Diminui a frequência

(b) Diminui o comprimento de onda

(c) aumenta a energia

(d) aumenta o impulso

Resposta: (a) diminui a frequência

(38) O efeito Compton pode ser explicado com base em __________

(a) Natureza ondulatória da luz

(b) Teoria quântica da luz

(c) Ótica de raios

(d) Ótica ondulatória

Resposta:

(39) Que tipo de fotão é necessário para que o efeito de Compton ocorra?

(a) Fotão de luz visível

(b) Fotão de raios X

(c) Infravermelhos

(d) Fotão UV

Resposta:

(40) Raios X de comprimento de onda 0,15 nm são dispersos por um bloco de carbono. Qual é o comprimento de onda dos raios X dispersos em 00?

(a) 0,15 nm

(b) 0,154 nm

(c) 0,165 nm

(d) 0,178 nm

Resposta:

(41) Raios X com comprimento de onda de 0,1 nm são espalhados por um bloco de carbono. As radiações dispersas são observadas perpendicularmente à direção do feixe incidente. Qual é o desvio de Compton?

(a) 0,0014 nm

(b) 0,0024 nm

(c) 0,0034 nm

(d) 0,0044 nm

Resposta:

Se os raios X dispersos forem detectados a 30° em relação aos raios X incidentes, determine o desvio de Compton neste ângulo, a energia dos raios X dispersos e a energia do eletrão em recuo.

(42) Para o átomo de hidrogénio, que série descreve as transições electrónicas para a órbita N=1, a órbita eletrónica de mais baixa energia? É a:

(a) Série de Lyman

(b) Série Balmer

(c) Série Paschen

(d) Série Pfund

Resposta: (a) Série de Lyman

(43) Quando uma propriedade física, como a carga, existe em "pacotes" discretos e não em quantidades contínuas, diz-se que a propriedade é:

(a) descontínua

(b) abrupta

(c) Quantificada

(d) não contínuo

Resposta: (c) quantizado

(44) A natureza ondulatória da luz é demonstrada por qual das seguintes situações?

(a) O efeito fotoelétrico

(b) cor

(c) a velocidade da luz

(d) Difração

Resposta: (d) difração

(45) A colisão entre um fotão e um eletrão livre foi explicada pela primeira vez por qual dos seguintes cientistas?

(a) Einstein

(b) Heisenberg

(c) Compton

(d) Bohr

Resposta: (c) Compton

(46) Albert Einstein recebeu o Prémio Nobel da Física pelo seu trabalho sobre:

(a) Gravitação

(b) relatividade

(c) Efeito fotoelétrico

(d) Movimento browniano

Resposta: (c) efeito fotoelétrico

(47) Qual das seguintes afirmações é verdadeira em relação à experiência fotoeléctrica?

(a) O potencial de paragem aumenta com o aumento da intensidade da luz incidente.

(b) A fotocorrente aumenta com a intensidade da luz.

(c) A fotocorrente aumenta com o aumento da frequência

(d) Todas as anteriores

Resposta: (b) A fotocorrente aumenta com a intensidade da luz.

(48) A equação de De-Broglie estabelece a:

(a) dupla natureza

(b) natureza das partículas

(c) natureza ondulatória

(d) Nenhuma destas

Resposta: (a) dupla natureza

(49) A função de trabalho de um metal é:

(a) A corrente mínima necessária para remover um eletrão de uma superfície metálica

(b) A frequência mais elevada necessária para remover um eletrão de uma superfície metálica

(c) Nenhuma das mencionadas

(d) A menor quantidade de energia necessária para remover um eletrão de uma superfície metálica

Resposta: (d) a menor quantidade de energia necessária para remover um eletrão de uma superfície metálica

(50) O efeito fotoelétrico pode ser descrito através das seguintes teorias:

(a) teoria ondulatória da luz

(b) Teoria de Bohr

(c) Teoria quântica da luz

(d) teoria corpuscular da luz.

Resposta: (c) teoria quântica da luz

(51) O comprimento de onda de De-Broglie de uma partícula com o momento de $3.03 \times 10^{-24} kgms^{-1}$ será

(a) 0,002 Å

(b) 0,02 Å

(c) 0,2 Å

(d) 2Å

Resposta:

(52) Os comprimentos de onda de dois fotões são, respetivamente, 2000 Å e 4000 Å. Qual é a razão entre as suas energias?

(a) 1/4

(b) 4

(c) 1/2

(d) 2

Resposta:

(53) Qual das seguintes afirmações não é caraterística da teoria quântica da radiação de Planck?

(a) A energia não é absorvida ou emitida em números inteiros ou múltiplos de quantum.

(b) A radiação está associada à energia.

(c) A energia das radiações não é emitida nem absorvida de forma contínua, mas sim sob a forma de pequenos pacotes denominados quanta.

(d) A magnitude da energia associada a um quantum é proporcional à frequência.

Resposta:

Perguntas de resposta curta resolvidas.

(1) O que é a radiação?

Resposta: O processo de transferência de calor de um local para outro sem aquecer o meio interveniente é designado por radiação. Todos os corpos irradiam energia térmica acima da temperatura do zero absoluto. A taxa de radiação é maior a temperaturas mais elevadas.

(2) O fotão é uma partícula ou uma onda? Qual é a sua massa em repouso?

Resposta: O fotão é uma partícula de energia. Os fotões só têm massa quando estão em movimento. Assim, a massa de repouso do fotão é zero.

(3) Como é que a energia cinética dos fotoelectrões depende da frequência e da intensidade da radiação incidente?

Resposta: A energia cinética dos fotoelectrões emitidos só se altera com uma mudança na frequência da radiação incidente. Uma alteração na intensidade apenas altera o número de fotoelectrões emitidos.

(4) Qual é a condição para a fotoemissão de uma superfície fotossensível?

Resposta: $h\nu > W$, ou seja, a função trabalho da superfície fotossensível deve ser inferior à energia do fotão incidente.

(5) O que é o efeito fotoelétrico?

Resposta: Este é o processo de interação da radiação electromagnética com a matéria, em resultado do qual a energia dos fotões é transmitida aos electrões da substância.

(6) O que é a radiação de corpo negro?

Resposta: Um corpo que absorve todas as radiações que incidem sobre ele é chamado de corpo negro. Este corpo emitirá radiação à sua taxa mais rápida, o que é designado por radiação de corpo negro. Um corpo negro é também designado por radiador ideal. Nenhum corpo real é perfeitamente negro; o conceito de corpo negro é uma idealização com a qual as características de radiação dos corpos reais podem ser comparadas.

(7) Quais são as propriedades do corpo negro?

Resposta:

- Absorve a radiação incidente de qualquer comprimento de onda que incida sobre ela e não a transmite nem reflecte, independentemente do comprimento de onda e da direção
- Emite a quantidade máxima de radiação térmica em todos os comprimentos de onda a uma determinada temperatura
- Um corpo negro é um corpo físico idealizado que absorve toda a radiação electromagnética incidente de qualquer comprimento de onda, independentemente da frequência ou do ângulo de incidência.

(8) Qual é a lei de Planck da radiação do corpo negro?

Resposta: A lei de Planck descreve a densidade espetral da radiação electromagnética emitida por um corpo negro em equilíbrio térmico a uma dada temperatura T, quando não há fluxo líquido de matéria e energia entre o corpo e o seu ambiente.

(9) O que é a lei de deslocamento de Wien?

Resposta: A lei de deslocamento de Wien afirma que a curva de radiação do corpo negro para diferentes temperaturas atinge um pico num comprimento de onda que é inversamente proporcional à temperatura.

(10) O que é a lei de Stefan-Boltzmann?

Resposta: A lei de Stefan-Boltzmann descreve a potência irradiada por unidade de tempo de um corpo negro em termos da sua temperatura.

(11) Uma luz de comprimento de onda 3500 Å incide sobre dois metais A e B. Qual dos metais produzirá mais fotoelectrões se as suas funções trabalho forem 5 eV e 2 eV, respetivamente?

Resposta: O metal B produzirá mais fotoelectrões. A função trabalho do metal B é inferior à do metal A para o mesmo comprimento de onda da luz. Assim, o metal B produzirá mais electrões.

Perguntas de resposta curta

(1) O que é um corpo negro? Existe de facto um corpo negro?

(2) Considere dois corpos idênticos, um a 1000 K e outro a 1500 K. Qual dos corpos

emite mais radiação na região de comprimento de onda curto?

(3) Qual é o significado da constante de Planck na lei da radiação de Planck?

(4) O que é a lei da radiação de Planck?

(5) Definir efeito fotoelétrico?

(6) Escreva uma breve nota sobre o efeito de Compton?

(7) Definir os termos potencial de paragem e frequência limiar em relação ao efeito fotoelétrico

(8) Explicar o princípio da incerteza de Heisenberg.

(9) Dar o significado físico da função de onda.

(10) Explicar a hipótese de de-Broglie.

(11) Calcular o comprimento de onda de de-Broglie de um neutrão de 5Kev. Dado que a massa do neutrão é $1,675 \times 10^{-27}$ kg

(12) O que são ondas de matéria? Obtenha uma expressão para o comprimento de onda das ondas de matéria.

(13) Explicar a diferença entre uma onda de matéria e uma onda electromagnética.

(14) Explicar as propriedades das ondas de matéria.

(15) Determine o comprimento de onda de De-Broglie de um neutrão de energia 12,8MeV.

(16) Explique a interpretação de Born de uma função de onda.

(17) Porque é que a função de onda f(x) deve ter um valor único em todo o lado?

(18) Explique o significado de função de onda bem-comportada.

(19) O que é uma função de onda associada a uma partícula livre?

(20) Explicar a interpretação de Born da função de onda.

(21) Quais são as condições a que uma função de onda deve obedecer?

(22) O que é que se entende por normalização de uma função de onda?

(23) Escreva a função de onda de Schrodinger dependente do tempo.

(24) Quais são as propriedades da função de onda.

(25) O que é que se entende por valor esperado de um observável?

(26) O que é um operador.

(27) O que é o valor próprio e a função própria de um operador.

(28) Quais são as condições para um operador linear.

(29) O que é o operador de momento.

(30) O que é o operador hamiltoniano?

(31) Definir comutador.

(32) O que é que se entende por operador hermitiano?

(33) Escreva as propriedades do operador hermitiano.

(34) Mostre que o operador de momento é hermitiano.

(35) Encontre uma expressão para a componente x do operador de momento angular em

coordenada polar esférica.

(36) Qual é o significado do resultado experimental de Stern-Gerlach?

(37) O modelo vetorial atómico baseia-se em que princípio?

(38) Quais são as limitações do modelo atómico de Bohr?

Perguntas de resposta longa

(1) O que é o efeito fotoelétrico? Escreva a equação fotoeléctrica de Einstein.

(2) O que é o efeito fotoelétrico? Explique as características do efeito fotoelétrico.

(3) Descreva sucintamente um dispositivo para estudar o fenómeno fotoelétrico. Indique as características importantes dos resultados experimentais. Como é que Einstein os explicou?

(4) Derivar a equação fotoeléctrica de Einstein e mostrar que a frequência da radiação incidente afecta a emissão fotoeléctrica.

(5) O que é o efeito fotoelétrico? Explicar as leis da emissão fotoeléctrica.

(6) Quais são as leis fundamentais da emissão fotoeléctrica? Escreva a equação fotoeléctrica de Einstein.

(7) Como explicaria os termos relacionados com o efeito fotoelétrico?

(i) Frequência de limiar (ii) Potencial de paragem

(iii) Função de trabalho fotoelétrico (iv) Teoria quântica da radiação de Planck

(v) Comprimento de onda crítico

(8) O que é o efeito fotoelétrico? Descreva uma experiência para verificar esta lei.

(9) Descreva alguns dos dispositivos que funcionam com base no efeito fotoelétrico.

(10) Indique e explique a equação fotoeléctrica de Einstein.

(11) Indique a lei de Einstein para o efeito fotoelétrico. Descreva uma experiência para verificar esta lei.

(12) Indique e explique a equação fotoeléctrica de Einstein.

(13) Utilize a distribuição de Planck para confirmar a lei de Stefan-Boltzmann e para obter uma expressão para a constante de Stefan-Boltzmann.

(14) Mostre que a expressão de Debye para a capacidade térmica é proporcional a $T^3 as\ T \to 0$.

(15) Derivar a equação de onda de Schrodinger dependente do tempo numa dimensão e em três dimensões.

(16) Discuta a ortonormalidade da função própria.

(17) Discuta as relações de comutação do momento angular com o momento linear.

(18) Derivar a equação de onda de Schrondinger independente do tempo e prever a sua solução.

(19) Descreva a experiência de Stern-Gerlach.

(20) Explicar a hipótese de Planck e a lei da radiação para a radiação do corpo negro.

(21) Descreva a experiência de Davisson e Germer e explique como permitiu verificar a natureza ondulatória da matéria.

(22) Derivar uma expressão para a equação de onda de Schrodinger independente do tempo. Explicar o significado de uma função de onda.

(23) Explicar o conceito de dualidade onda-partícula e obter uma expressão para o comprimento de onda das ondas de matéria.

(24) a) Explicar a hipótese de de Broglie. b) Enunciar e explicar o princípio da incerteza de Heisenberg.

(25) O que é o efeito fotoelétrico? Explique o efeito fotoelétrico e obtenha a sua função trabalho.

(26) Indicar e explicar o efeito de Compton.

(27) Derivar uma expressão para calcular a lei da radiação de Planck

(28) Obter uma expressão para o desvio de Compton.

(29) Explicar a dualidade das ondas de matéria a partir das inferências retiradas do efeito fotoelétrico e da experiência de Davisson e Germer.

(30) Explicar em pormenor a experiência que estabelece a relação entre o momento e o comprimento de onda de uma partícula em movimento.

(31) Definir função de onda. O que se entende por função de onda normalizada? Explicar

Problemas resolvidos

(1) O potencial de paragem de um processo de emissão fotoeléctrica é de 10 V. Determine a energia cinética máxima dos electrões ejectados no processo.

Resposta: $1,6 \times 10^{-18}$ J

(2) Estimar o comprimento de onda dos electrões que foram acelerados a partir do repouso através de uma diferença de potencial de V = 40 kV.

Resposta: $6.1 \times 10^{-12} m$

(3) Se a função $cos(5x + 5)$ é uma função própria do operador $\frac{\partial^2}{\partial x^2}$ e, em caso afirmativo,

qual é o valor próprio correspondente?

(4) Numa experiência de efeito fotoelétrico, o comprimento de onda limite da luz é 380 nm. Se o comprimento de onda da luz incidente for 260 nm, a energia cinética máxima dos electrões emitidos será dada por

E (em eV) = [1237/λ(em nm)]

Responde: Dado $\lambda_0 = 380\ nm$ e $\lambda_i = 260\ nm$

$$E = h(v_i - v_0) = hc \left(\frac{1}{\lambda_i} - \frac{1}{\lambda_0}\right) = hc \left(\frac{(\lambda_0 - \lambda_i)}{\lambda_0 \lambda_i}\right)$$

Resposta: 1,5 eV

(5) A função trabalho de uma substância é 4,0 eV. O maior comprimento de onda da luz que pode causar a emissão de fotoelectrões desta substância é aproximadamente

Dica $\frac{hc}{\lambda_m} = \phi$ aqui λ_m é o comprimento de onda mais longo, ϕ é a função trabalho.

Responder: 310 nm

(6) Qual é a frequência e a energia de um fotão de energia 4 eV.

(7) A função trabalho de um metal é 2eV. Qual é a frequência limite do metal?

(8) O limiar de frequência de um determinado metal é $5.2 \times 10^{14} Hz$. Qual é a energia cinética máxima de um eletrão de luz de frequência $9.2 \times 10^{14} Hz$?

(9) A frequência limiar do lítio é de $5,5 \times 10^{14}$ Hz. Calcule a função trabalho do lítio.

(10) Calcule a energia cinética máxima dos electrões emitidos quando uma luz de frequência $6,2 \times 10^{14}$ HZ incide na superfície de uma amostra de lítio.

(11) Calcular a energia cinética máxima, em J, dos electrões emitidos por uma placa de zinco quando iluminada com luz ultravioleta. Dada a função trabalho do zinco = 4,3 eV, a frequência da luz ultravioleta = $1,2 \times 10^{15}$ Hz.

(12) Uma luz violeta de comprimento de onda 380 nm incide numa superfície de potássio. Deduza se uma luz com este comprimento de onda pode causar o efeito fotoelétrico quando incide na superfície do potássio. função trabalho do potássio = 2,3 eV.

(13) A função trabalho de um determinado emissor é 2 eV e é utilizada luz de comprimento de onda 3000 Å para provocar a emissão. Determine o potencial de paragem e a velocidade dos materiais mais energéticos. [2,14 V, $8,68 \times 105$ m/s]

(14) A função trabalho do potássio é 1,9 V. Se incidir sobre ele uma radiação de comprimento de onda $4,5 \times 10\text{-}7$ m, qual será (i) o comprimento de onda limite, (ii) a energia cinética máxima dos electrões ejectados e (iii) o potencial de retardamento mínimo? [(i) $6,53 \times 10\text{-}7$ m (ii) $1,37 \times 10\text{-}19$ J (iii) 0,86 V]

(15) A função trabalho do zinco é de 3,6 eV. A frequência limite para o metal é 9×1014 Hz. Encontre o valor da constante de Planck. [h = $6,4 \times 10\text{-}34$ J-s]

(16) Uma superfície metálica com uma função trabalho de 2,9 eV é iluminada com luz de comprimento de onda de 400 nm. Qual será o potencial de paragem dos fotoelectrões?
Responde: 0.19 V

(17) A função trabalho do zinco é 4,2 eV. Qual é o comprimento de onda máximo da luz que provocará a fotoemissão de electrões do zinco?

Resposta: $2.9 \times 10^{-7} m = 295 \, nm$

(18) Estimar o comprimento de onda dos electrões que foram acelerados a partir do repouso através de uma diferença de potencial de V = 40 kV.

Ans= 6,1 × 10-12 m

(19) Calcule o número de modos de oscilação numa câmara de volume $100 cm^3$ na gama de frequências $4.02 \times 10^{14} Hz$ a $4.03 \times 10^{14} Hz$.

SOLUÇÃO

Dado $\quad V = 100 cm^3 = 10^{-4} m^3; \quad v = 4.02 \times 10^{14} Hz; \quad dv = 0.01 \times 10^{14} Hz$ e $c = 3 \times 10^{-8} ms^{-1}$

Utilizando a equação, $N_v dv = \dfrac{8\pi V^2 v^2}{c^3} dv = 1.5 \times 10^{13}$

(20) Mostre que as funções próprias pertencentes a valores próprios diferentes são ortogonais entre si.

(21) Calcular o comprimento de onda de um eletrão acelerado por um potencial de 100 volts. Dado que a massa de um eletrão é $9.1 \times 10^{-31} kg$. Resposta: $1.227 \times 10^{-10} m$.

(22) Aplicar os seguintes operadores às funções dadas:

   (a) Operador, $\hat{A} = \dfrac{d}{dx}$ e função x^2

   (b) Operador, $\hat{A} = \dfrac{\partial^2}{\partial x^2}$ e função $4x^2$

I want morebooks!

Buy your books fast and straightforward online - at one of world's fastest growing online book stores! Environmentally sound due to Print-on-Demand technologies.

Buy your books online at
www.morebooks.shop

Compre os seus livros mais rápido e diretamente na internet, em uma das livrarias on-line com o maior crescimento no mundo! Produção que protege o meio ambiente através das tecnologias de impressão sob demanda.

Compre os seus livros on-line em
www.morebooks.shop

info@omniscriptum.com
www.omniscriptum.com

OMNIScriptum

Printed by Books on Demand GmbH, Norderstedt / Germany